水産学シリーズ

111

日本水産学会監修

トラフグの漁業と資源管理

多 部 田　修 編

1997・4

恒星社厚生閣

ま　え　が　き

　トラフグはフグの王様で，全長 80 cm，体重 10 kg 以上に達し，フグ料理と
して賞用されている．フグの歯は縄文晩期（4 千～4 千 5 百年前）の貝塚から
しばしば発見され，わが国では大昔から食されてきたようである．島根半島の
崎鼻貝塚出土の大量の歯は紛れもなくトラフグのもので，我々の祖先は産卵に
接岸したフグを大漁し，舌鼓を打っていたと想像される（多部田ら，未発表）．
歴史時代に入ると，フグ食に関する文物や武家の掟が多数残され，このような
フグ食は沿岸庶民の間に連面と続いていたようである．フグ食の食品衛生的観
点からの本格的見直しはやっと戦後の昭和 22 年からである．

　トラフグを対象とした延縄漁業は豊前宇島（福岡県豊前市）から先ず明治初
期に徳山市粭島（山口県），次に粭島から明治中期に萩市越ヶ浜（山口県萩市）
へ伝えられ，その後各地へ広がったとみられる．沿岸漁業であったトラフグ延
縄漁業はその後東シナ海北部方面にも拡大し，昭和 40 年（1965）の日韓漁業
協定を期に東シナ海や黄海に漁場を広げ，昭和 43 年（1968）の下関唐戸魚市
場株式会社における水揚げ（カラスを含む）は最高の約 3,700 t に達した．

　その後，漁獲量は減少の一途を辿っているが，その原因としては，冷凍技術
の発達による初夏の産卵親魚の漁獲や，過度の漁獲努力によるとりすぎなどが
原因とみられている．最近の漁獲量は特に激減し，この不足を最近重視されて
きた養殖や輸入によって補っているのが現状である．

　これまでトラフグ漁業は主として西日本水域，東シナ海，黄海に限られてい
たが，最近では伊勢湾，遠州灘，日本海北部においても行われている．従来の
漁業水域における漁獲量は激減し，資源培養管理が緊急な課題となり，栽培漁
業研究も進展している．標識放流によって広域回遊魚であることは判明したが，
系群についてはいまだに結論を得ていない．

　そこで，本シンポジウムではトラフグの生物学的特性，各海域の漁業と資源，
系群，放流技術開発などの最近の成果を総括し，トラフグ資源培養管理の発展
を展望するため，平成 8 年 10 月 11 日に，日本水産学会秋季大会で下記のよ
うに九州大学において開催された．

トラフグの漁業と資源管理

企画責任者　多部田　修（長大水）・林　小八（中央水研）・東海　正（東水大）
　　　　　　檜山節久（山口外海水試）

開会の挨拶　　　　　　　　　　　　　　　　　　多部田　修（長大水）
　　　　　　　　　　　　　　　　　座長　町井紀之（水大校）

Ⅰ．現状と展望　　　　　　　　　　　　　　　　林　小八（中央水研）
　　　　　　　　　　　　　　　　　座長　東海　正（東水大）

Ⅱ．生物学的特性　　　　　　　　　　　　　　　松浦修平（九大農）

Ⅲ．漁業と資源の現状　　　　　　　　座長　松浦修平（九大農）
　　1．東シナ海，黄海，日本海等　　　　　　　天野千絵（山口外海水試）
　　2．瀬戸内海とその周辺水域　　　　　　　　柴田玲奈（南西水研）
　　3．伊勢湾及び遠州灘等　　　　　　　　　　安井　港（静岡水試）

Ⅳ．回遊と系群　　　　　　　　　　　座長　林　小八（中央水研）
　　1．移動，回遊からみた系群　　　　　　　　伊藤正木（西海水研）
　　2．集団遺伝学的手法による系群解析　　　　佐藤良三（南西水研）

Ⅴ．放流技術と資源管理　　　　　　　座長　伊藤正木（西海水研）
　　1．種苗生産技術の現状　　　　　　　　　　岩本明雄（日栽協屋島）
　　2．放流技術開発　　　　　　　　　　　　　内田秀和（福岡水海技セ）
　　3．瀬戸内海西部域及び伊勢湾，　　　　　　東海　正（東水大）
　　　　遠州灘等における資源培養管理

Ⅵ．総合討論　　　　　　　　　　　　座長　多部田　修（長大水）
　　　　　　　　　　　　　　　　　　　　　林　小八（中央水研）
　　　　　　　　　　　　　　　　　　　　　東海　正（東水大）
　　　　　　　　　　　　　　　　　　　　　檜山節久（山口外海水試）

閉会の挨拶　　　　　　　　　　　　　　　　　　林　小八（中央水研）

　本書は当日の講演に総合討論の質疑応答の趣旨を加えて執筆し，編集したものである．本書が，現在激減しているトラフグの漁業と資源管理研究の発展にいささかでも貢献できれば幸いである．本書の出版に当たり，執筆者の方々，日本水産学会の関係各位並びに恒星社厚生閣の担当者各位に大変お世話になった．記して謝辞とする．

　　　　　　平成 9 年 3 月

　　　　　　　　　　　　　　　　　　多 部 田　修

トラフグの漁業と資源管理　目次

Fisheries and Stock Managements of Ocellate Puffer
Takifugu rubripes in Japan

Edited by Osame Tabeta

I-1. 現状と展望

林　　小　八*

　トラフグは日本食文化の代表ともいえるフグ料理の高級材料として珍重され
てきた．最近では，フグ料理もトラフグ養殖の成功やグルメブームに乗ってか
なり一般に普及しつつある．本種は値段も高く，沿岸漁業者にとってはきわめ
て重要な漁獲対象種である．しかし，この魚は地域によっては漁獲量の年変動
が大きく，また，近年では漁獲量の減少などにより漁家経営の安定化に必ずし
もつながっていない．このような状況に対して，最近，トラフグ資源の維持と
安定した漁獲をめざして，いくつかの重要な方策が相互に密接に関連しながら
実行されている．一つはトラフグ資源の管理に関するものであり，もう一つは，
本種の種苗生産・放流技術や養殖技術に関するものである．

　これらの新しい動きを理解するために，ここでは，トラフグ漁業の現状と将
来起こりうる問題点について概略的に紹介するとともに，特に瀬戸内海におい
て実施されている本種の資源管理方策について言及する．

§1. 研究と資源の現状

1・1　資源研究の現状

　トラフグ資源研究の現状について話を進める前に，本種の生物学的な一般的
特性について簡単に触れる．なお，本種の生物学的特性[1]，各海域における漁
業と資源の動向[2~4]，系群問題[5, 6]，種苗生産技術[7, 8]などについては，本書の
この後でそれぞれ詳細に報告されている．

　トラフグは，フグ科，トラフグ属に属しているが，この属は，カラス，コモ
ンフグ，ナシフグ，ヒガンフグなど20数種で構成され，わが国ではこのうち
12種が食用に供されている[9]．日本周辺における本種の分布は，北海道以南の
太平洋沿岸域，日本海，東シナ海，黄海および渤海まで広範囲に広がっている．

　藤田[10]によれば，代表的な産卵場は，遠州灘の伊勢湾口，瀬戸内海尾道沖，

* 中央水産研究所（現海外漁業協力財団）

備讃瀬戸など，九州西岸の有明海と不知火海の湾口，日本海側では男鹿半島天王町沿岸，福岡湾口など，さらに九州玄界灘に対する韓国南岸域および中国山東半島南岸域に存在するとされている．そのうち，最近の情報によると，中国沿岸にはトラフグの産卵場はほとんど認められないという（多部田，私信）．そうであるならば，日本沿岸から東シナ海・黄海に分布するトラフグの産卵場の大部分は，日本沿岸域に存在していることになる．このことは，産卵場の保護，幼稚魚期における漁獲規制，産卵期における親魚の保護など本種に関わる資源管理方策は，日本に課せられていることを意味する．

　本種の回遊に関しては，主として瀬戸内海や西日本沿岸域のトラフグについて標識放流調査あるいは漁獲実態から検討されている[1~3, 6, 7]．それらによれば，各地の沿岸で春季に生まれたトラフグは，当歳から 1 歳までは，内海や産卵場に近い沿岸域で生活し，その後，外海域である東シナ海，黄海へ移動する．そして 2~3 年後の成魚になると，シロサケの回遊と同じように再び自分の生まれ故郷に戻ってくると考えられる．また，系群に関しては，産卵場の情報，漁獲統計資料，標識放流調査結果の解析あるいは集団遺伝学的研究から発生の異なる複数の系群の存在が認められ，しかもこれらの間にはある程度の交流があることも認められている[3, 7]．

　農林水産省農林水産技術会議では，このような回遊をする代表的な魚種として本種のほか，ハタハタおよびマダラを中回遊型魚類と名付け，1994 年度（平成 6 年度）から 1996 年度（平成 8 年度）の 3 年間に，これらの魚種の回帰特性の解明と資源管理技術の開発に関する特別研究を実施し，系統群の迅速判別手法の開発など一連の研究成果をあげている．

1・2　漁業の現状

　トラフグは，東シナ海，黄海のみならず九州沿岸域や日本海沿岸域および瀬戸内海，近年では伊勢湾や遠州灘でも漁獲されている．日本におけるトラフグの漁獲量は，農林水産統計に集計されていないために，正確な数字は把握できない．そこで，全国のフグ類漁獲の大部分を取り扱っている山口県下関市唐戸魚市場株式会社（以後，唐戸魚市場）に水揚げされるフグ類のうち，1983 年（昭和 58 年）から 1995 年（平成 7 年）における取扱量で漁獲量の推移をみると（図 1・1），1984 年（昭和 59 年）～1988 年（昭和 63 年）には，トラフ

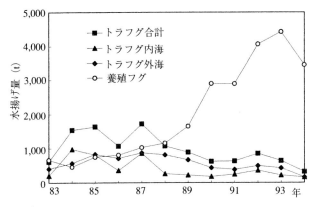

図 1·1　唐戸魚市場におけるフグ類取扱量の年変動

グの漁獲量は 1,000 t を超え，1987 年（昭和 62 年）に 1,700 t のピークを示
したが，1988 年（昭和 63 年）以降，減少傾向にあり，1994 年（平成 6 年）
には 500 t を下回る値を示している．この傾向は，東シナ海，黄海および山陰
沿岸で漁獲される外海産トラフグ，瀬戸内海が主産地である内海産トラフグの
漁獲量の推移でもほぼ同じ傾向を示している．このような漁獲量の減少傾向は，
外海・内海漁場とも資源状態の悪化に起因しているものと考えられ，東シナ
海・黄海や山陰沿岸の主要漁業である延縄漁業も漁獲量の減少につれて，その
操業隻数も減らしている．

　これに対して，トラフグの養殖は，種苗生産技術と疾病対策の進展により急
速に伸び，唐戸魚市場による取扱い量は，1987 年（昭和 62 年）の 1,000 t か
ら 1993 年（平成 5 年）には 4,500 t を記録し，天然産トラフグの漁獲量をは
るかにしのいでいる．最近では，中国の渤海や黄海沿岸においても養殖が始ま
り，年間 20〜50 t のトラフグ類が日本にも輸出されている．

　瀬戸内海，遠州灘などにおけるトラフグ漁業は，発育段階によって異なり，
当歳魚は，小型底曳網や小型定置網によって混獲される．1，2 歳魚は，延縄，
一本釣り，遠州灘では旋網，親魚は，小型定置網および吾智網などにより漁獲
される（表 1·1）．瀬戸内海産トラフグ資源の動向を見るために，広島，山口，
福岡，大分，宮崎および愛媛の 6 県から構成される瀬戸内海西部ブロック[11]
における1988年の漁業種類別・年齢別漁獲尾数と年齢別漁獲割合を示した（図

表 1·1　主要漁場における漁法と漁獲対象銘柄

漁場 ＼ 銘柄	当歳魚	1 歳魚	2 歳魚以上
東シナ海, 黄海, 日本海		一本釣り, 定置網	遠洋延び縄, 沿岸延縄, 定置網, 一本釣り, 底曳網
瀬戸内海	延縄, 一本釣り, 小型底曳網	延縄, 一本釣り	一本釣り, 定置網
遠州灘	小型底曳網	底曳網, 延縄	延縄, 旋網

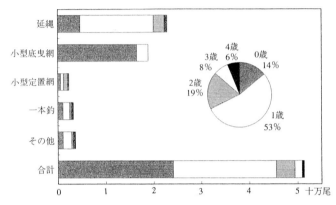

図 1·2　瀬戸内海西部域における漁業種類別年齢別トラフグ漁獲尾数 (1988 年)

1·2)．瀬戸内海西部各地におけるトラフグは，延縄，小型底曳網などによって漁獲され，漁獲尾数では小型底曳網漁業による当歳魚の漁獲が大きな比重を占めていることが判る．また，漁獲量では，1 歳魚が全体の 53 %，ついで 2 歳魚，当歳魚の順で漁獲されており，若年魚に対する漁獲圧力が大変高い．

　東シナ海・黄海および山陰沿岸のトラフグ漁業統計から，天野・檜山[2] は，CPUE や年齢別漁獲尾数および資源尾数を計算し，それらの経年変化からトラフグの資源状況を分析している．それによると，当該海域のトラフグの資源水準は大きく低下しており，原因として，漁船の大型化，延縄漁具の改良および出漁漁船の増加などによるとしている．また，安井ら[4] は，伊勢湾，遠州灘における延縄漁船による漁期間の CPUE が，漁期始めに急激に低下していることから，延縄による漁獲が資源に及ぼす影響の大きさを懸念している．

　このように日本周辺および東シナ海・黄海におけるトラフグ資源は漁場毎に状況が異なるが，漁獲の圧力が資源状態の悪化を招いており，今後，必要な管

理方策を策定して，強力に資源管理を進める必要がある．

§2.　資源管理の事例

　資源を有効に利用するために，様々な方策を立てた管理の試みは昔から行われてきた．例えば，禁漁期・禁漁区を設けたり，あるいは網目規制を行ったりしている．しかし，このような方策を実施しても，必ずしもすべての管理がうまく行われてきたわけでない．漁船性能や漁具・漁法が改良されても，大部分の高級魚は資源状態が悪化して，漁獲量が伸びていないのが現実である．また，漁業経営が不振であったり，後継者不足の深刻化も各地で報告されている．このような状況の中で，漁業者自身も資源の有効利用を切実に受け止め，総合的な漁業管理の必要性を認識しつつある．このために，すでに自主管理を行っているところもある．

　瀬戸内海では，資源管理型漁業の一つの先進例として 1988 年（昭和 63 年）から 1992 年（平成 4 年）にかけて，水産庁による広域資源培養管理推進事業が実施された．この事業は，瀬戸内海を東西 2 つのブロックに分け，それぞれのブロック内の各県が協調して，複数の魚種や漁業種類を対象に総合的な漁業管理を試みたものである．先に述べた 6 県からなる瀬戸内海西部ブロックでは，トラフグ，ヒラメ，イサキ，マダイ（栽培資源）を対象魚種に選定して，資源の状態や各漁業の操業状況およびその漁家経営状態を調査して，そこから資源モデル，漁業モデル，経営モデルを構築して，適切な管理方策を引き出すことを試みた．さらに，後半 2 年間で，この方策を実際の漁業管理に適用していった．

　この事業の特徴は，次の 3 点が上げられる．

　1）漁業管理が，研究者，漁業者，行政部局と三者が一体となって行った．

　2）従来の管理に関する考え方は，資源の再生産力を利用して平衡状態を保つように管理することであったが，この事業では栽培漁業，すなわち種苗放流を積極的に活用した．

　3）漁業者の経営の安定化をも組み込んだ管理，つまり資源の維持だけでなく，漁業経営の安定化を目標とした．

　この事業では，管理の目標として，10 年後に水揚げ金額を 1.5 倍にするという目標を設定し，瀬戸内海中西部域におけるトラフグの管理方策として具体的

に以下の4項目を設定した.

1) 全長15 cm 以下のトラフグの再放流
2) 延縄漁業の8月操業禁止
3) 定期休漁日の設定
4) 全長5 cm 以上の稚魚15万尾の種苗放流などである.

　瀬戸内海西部ブロックとして，この4項目の管理方策を基本に据え，そのうえで各県に適合した方策を表1・2のように設定して実施した.これらの方策に基づく実施状況は，必ずしも当初の計画通りではないが，具体的な管理目標を設定し，それに対応した方策を定め，実行したことは，漁業管理を実践する第一歩であり，有意義であったと考えられる.

表1・2　瀬戸内海西ブロックにおける県別資源管理実施計画

	禁止期間	休漁	漁具規制	放流サイズ	種苗放流
広島	延縄8月	日数10 % 減		15 cm	受精卵5,000万粒
山口	延縄4〜5月	延縄毎週日曜日	針の太さ1.2 mm 以上	15 cm	目標10万尾
福岡	小底8, 9月			15 cm	
大分	8月1日〜8月15日	延縄20 % 減(毎週土曜日休漁)		20 cm	
宮崎	延縄8月	日数10 % 減		15 cm	
愛媛	延縄4〜6月	日数10 % 減	針の太さ1.2 mm 以上	15 cm	

§3. 今後の方向

　日本においても1996年（平成8年）7月20日に国連海洋法条約が発効し，国内の関連法案も整備されている.この条約では，各国の排他的経済水域内の生物資源の利用は，その国の権利であると同時に管理する義務を負わされている.さらにこの条約では，海洋の汚染防止対策や希少生物の保護や生態系を考慮した環境保全についての規定も盛り込まれている.これから日本においても，新たな海洋秩序の下での水産業を再構築する必要が生じている.トラフグの主漁場である東シナ海・黄海は，日本・中国・韓国などが利用する国際漁場である.トラフグ資源は今や乱獲状態にあり，資源状態が悪化しているといわれている.このトラフグ資源を持続的にしかも有効に利用するためには，当該海域の生態系を保全しながら資源管理を推進していくことが必要になる.

　近年，作り育てる漁業の技術開発の進展により，日本ではマダイ，ヒラメなどの重要種の人工種苗を大量に生産，放流することが可能になり，これらの魚

種における資源の維持・増大に大いに貢献してきた．トラフグに関しても種苗放流尾数の増加はめざましく，1994 年（平成 6 年）の実績では，放流用種苗234.4 万尾，養殖用種苗 1,314.0 万尾が生産されている[7]．しかしながら，近年，生物多様性条約の発効をきっかけに，放流種苗と天然魚との生存競争，人工種苗による遺伝的変異性の減少などが懸念されるようになった．このために，大量の人工種苗放流が天然集団の遺伝的多様性に影響を与えたり，あるいは生態系に影響し，生物の多様性を損ねる可能性も否定できない．今後，生物の多様性を考慮した適正な種苗放流のあり方を検討する必要があろう．

　ここで今後，早急に解決すべき調査・研究の課題として，次の 4 点が求められている．

①　系群の把握と認識，②　回遊経路・回帰性の確認，③　漁獲量の把握・資源量水準の推定，④　適正な種苗放流の把握．

　また，トラフグ資源を有効に利用するための管理方策としては，

①　当歳魚の漁獲制限，②　漁獲努力の削減，③　産卵親魚の保護，④　産卵場の保護と最適な産卵環境の維持，⑤　適正な種苗放流

などが考えられ，具体的な実施に踏み切るべきであると思われる．

文　献

1 ）松浦修平：生物学的特性，トラフグの漁業と資源管理（多部田　修編），恒星社厚生閣，1997，pp.16-27.

2 ）天野千絵・檜山節久：東シナ海，黄海，日本海など，トラフグの漁業と資源管理（多部田　修編），恒星社厚生閣，1997，pp.53-67.

3 ）柴田玲奈・佐藤良三・東海　正：瀬戸内海と周辺水域，トラフグの漁業と資源管理（多部田　修編），恒星社厚生閣，1997，pp.68-83.

4 ）安井　港・田中健二・中島博司：伊勢湾および遠州灘，トラフグの漁業と資源管理（多部田　修編），恒星社厚生閣，1997，pp.84-96.

5 ）佐藤良三：集団遺伝学的手法による系群解析，トラフグの漁業と資源管理（多部田　修編），恒星社厚生閣，1997，pp.41-52.

6 ）伊藤正木：移動と回遊からみた系群，トラフグの漁業と資源管理（多部田　修編），恒星社厚生閣，1997，pp.28-40.

7 ）岩本明雄・藤本　宏：種苗生産技術の現状，トラフグの漁業と資源管理（多部田　修編），恒星社厚生閣，1997，pp.97-109.

8 ）内田秀和：放流技術開発，トラフグの漁業と資源管理（多部田　修編），恒星社厚生閣，1997，pp.110-121.

9 ）阿部宗明・多部田　修：改訂日本近海産フグ類の鑑別と毒性（厚生省生活衛生局乳肉衛生課編）中央法規出版，1994，92pp.

10）藤田矢郎：さいばい，(79)，15-18，(1996)

11）広島県，山口県，福岡県，大分県，宮崎県，高知県，愛媛県：平成元年度広域資源培養管理推進事業報告書　瀬戸内海西ブロック，pp.1-91，(1990).

Ⅱ．生物学的特性

2．生物学的特性

松 浦 修 平[*1]

　トラフグは漁業資源としての価値も高く，これまで多くの研究がなされているが[1]，系群や再生産機構などいまだに不明な点が多い．近年その資源の減少が懸念され[2]，漁業規制や資源培養管理の推進が望まれている．ここでは，それらの基礎的情報として重要な生物学的特性に関する研究結果を紹介するとともに，残された課題に触れたい．

§1．分類学的特性

　トラフグ属 *Takifugu* はフグ亜目のフグ科に属し，現在 20 数種が知られ，大多数が東シナ海を中心にその周辺海域に生息している．トラフグ属の各種はよく類似し，各種の識別が外見上困難な場合もある．また，渤海，黄海には未記載種が存在するとみられる．その中でもトラフグ *Takifugu rubripes* (Temminck et Schlegel) は全長 80 cm，体重 10 kg 以上に達する大型種である．

　地方名はシロ（フグ）（島根），モンフグ（高知），ホンフグ（山口），ゲンカイフグ（下関），ダイマル（福岡），英名は Tiger puffer, Ocellate puffer[3] という．形態的特徴をみると，トラフグは無胃魚で[4]，腸の前端が膨張嚢となり，水や空気を飲み込んで腹を膨らますことができる．歯は 4 枚の癒合歯からなり，腹鰭が消失し，鱗は特化して可動性を有する棘鱗からなる．体背部は黒色で，その後半には不定形の斑紋があり，胸鰭後方に黒紋がある．生時の臀鰭は白〜紅味を帯びる．体内にフグ毒（テトロドトキシン）をもち，肉，皮膚，精巣は無毒であるが[5]，卵巣，肝臓は猛毒で，卵巣は 12〜6 月に毒性が強くなる[6]．フグ料理の最高級材料である．

　この種はカラス *Takifugu chinensis*（Abe）と似ており，混同されることが

[*1]　九州大学農学部

ある．両種は集団遺伝学的にも酷似する[7]．カラスの臀鰭は黒色，背側は一般的に黒緑色の単色で，全長 50 数 cm にしかならない．カラスの分布は主として渤海と黄海で，東日本では一般的にあまり獲れないが，釧路以南の日本各地，渤海，黄海，東シナ海に分布し，中層から下層にかけて生息する[3]．和歌山県田辺湾で大発生したことがある[8]．トラフグが沿岸寄りに多いのに対してカラスは一部の例を除いて沖合に多く分布する．集団遺伝学的研究によるとトラフグとカラスは遺伝的距離が近く，地方品種ぐらいの関係にある[7]．前述のようにトラフグとカラスは背面の色彩，斑紋，臀鰭の色彩で区別するが，中間的なものがみられ，これは交雑フグの可能性が高い．トラフグ属には天然交雑フグが認められ，トラフグに関してはトラフグ×マフグ，トラフグ×シマフグが多い．これらについては人為交雑フグを作出して生化学的に検討し，天然交雑フグの両親を推定している[9]．またトラフグ属 6 種の核型は互いによく類似し，遺伝的にも非常に近縁な関係にあり，このことがこの属における天然交雑フグの出現原因の一つであるという[10]．

§2. 分　　布

　トラフグの地理的分布は北海道以南，台湾までである．一方，漁業の分布は津軽海峡以西の日本海各地から，太平洋側は茨城以西から瀬戸内海，豊後水道などを含めて鹿児島まで，韓国西岸域，黄海，中国北部，東シナ海の揚子江沖合までで，漁業の集中分布域はトラフグ分布の多い海域と認められる．一例として日本海西部〜東シナ海・黄海における以西底曳網漁業などによる農林漁区別の漁獲量によってトラフグの分布を示す（図2・1）[11]．

§3. 生活史

3・1　産卵場と産卵期

　トラフグの産卵場の多くは，背後や周辺に広い砂泥底の内湾や浅海をひかえた潮流の速い湾口部や多島海に分布している．わが国においては，不知火海湾口，有明海湾口，福岡湾口，関門海峡一帯，尾道周辺，備讃瀬戸，伊勢湾口安乗沖，若狭湾，能登島，および秋田・天王町沿岸などが知られている[12]．韓国では朝鮮海峡沿岸の突山島[13]，巨済島周辺[14]，中国では山東省西南沿岸の嵐山

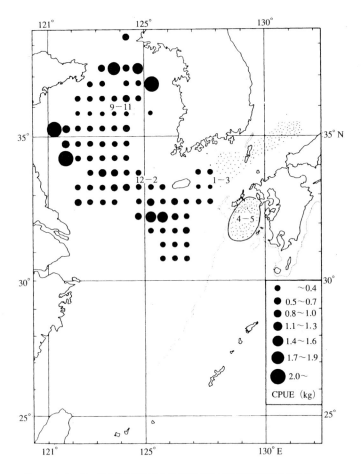

図 2・1 トラフグの以西底曳網による農林漁区別 1 網平均漁獲量の分布 [11], 小点域は延縄漁業による．12-2 などの数字は主な分布の月を表す

　頭，瑯邪周辺にあるという（図 2・2）[12].

　産卵期は南が早く北が遅く，水域によって多少のずれがあるものの，3 月下旬から 6 月中旬で，3 月下旬に九州南部から始まり，水温の上昇とともに次第に北上し，関門海峡では 4 月下旬〜5 月上旬に，若狭湾・富山湾で 5 月中〜下旬に産卵が行われる [12]．また，韓国の突山島，巨済島における産卵期は 5 月中旬〜6 月中旬である [13, 14].

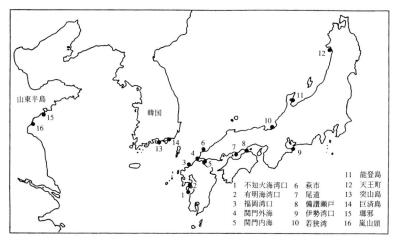

図 2·2　主な産卵場の分布 [12]

1　不知火海湾口	6　萩市	11　能登島	
2　有明海湾口	7　尾道	12　天王町	
3　福岡湾口	8　備讃瀬戸	13　突山島	
4　関門外海	9　伊勢湾口	14　巨済島	
5　関門内海	10　若狭湾	15　瑯邪	
		16　嵐山頭	

3·2　産卵床の環境

　天然卵の採集記録によれば，産卵床は潮流 2〜4 ノット，水深 10〜50 m の海底で，岩礁が散在し，底質は粒径 1〜4 mm の粗い砂や貝殻が卓越しており，底層水温は 15〜18 ℃ の場合が多い．産卵床は水深が深く，潮流が速いので産卵行動を直接観察した例はまだない [12]．

3·3　産卵群，成熟，産卵

　産卵親魚の漁獲は，引っかけ釣り，まき網，定置網，延縄，ます網，こませ網，小型底曳網などによる．特に産卵床上で産卵中の魚群を漁獲する引っかけ釣，ごち網，一部の小型旋網による漁獲物の雌の出現率は 0.6〜10 % で，性比は著しく雄に偏っている．雌は産卵後逃散するのに対し，雄は長く止まるため，産卵群に雄が多いという [12]．

　性成熟は雄が若干早く満 2 歳の一部と 3 歳以上であり，生物学的最小形は全長 360 mm である．一方，雌は満 3 歳から成熟し，生物学的最小形は 440 mm で雄より大きいが，一般的に雌雄とも満 3 歳で産卵群に加わる [15]．九州北西水域における成熟生態についてみると，生殖腺重量指数（GSI，生殖巣重量×100 /（体重−生殖巣重量））の月別変化，雌雄の組織学的成熟度判定から，雄では年によっては 12 月から高い GSI 値 12 をもつものが出現し，3〜4 月に最

大 GSI 値 32 前後に達する．雌では 1 月から GSI が増大し始め 4 月下旬にピークとなり最大 GSI 値 33 前後に達する．卵巣卵発達様式は部分同時発生型に属し，卵径組成からみると成熟する卵群は 1 峰型を示し（松浦，未発表），卵は成熟期に近づくと卵径も 1.1 mm に達する [16]．

　種苗生産のためには従来漁獲直後の完熟個体を使用してきたが，そのような個体が最近得難く，養成親魚から人工催熟による採卵が行われるようになっている [17]．

　完熟に近い卵巣内卵数の測定結果 [18] によれば，左右の卵巣卵数に殆ど差はない．Kusakabe *et al.*[19] は，瀬戸内海走島付近のたいしばり網で漁獲された産卵盛期の雌の GSI と卵巣内卵数（N）を調べ，全長（L, mm）および体重（W, g）との関係を求め，$N = 0.0000312 \times L^{3.862}$，$N = 0.0120 \times W^{1.161}$ の指数式で表している．産卵は 1 回あるいは極めて短期間に完了，成熟卵が得られる GSI は 25 以上であり，成熟した個体の卵巣内卵数は産卵数に匹敵すると推定されている．

3・4　初期の形態と生態

　産出卵は砂中に浅く埋まっており，径 1.2〜1.4 mm の球形の乳白色不透明の沈性の弱粘着卵で，卵黄に無数の小油球からなる 1 油球塊がある．孵化までに 7〜12 日を要する．平均水温（θ）と孵化までの所要時間（T）の関係は $T = 42.655 - 2.0596\theta$ で表される [15]．水温 16〜19 ℃ の条件下で受精後の卵発生経過をみると，10 時間 30 分で桑実期，88 時間後には腹鰭の原基形成，175 時間後には 18〜20 筋節期に入り，222 時間で最初の孵化（全長 2.72 mm）がみられ，80 日後には 54 mm に達する（図 2・3）[20]．一般的には 5 月に孵化し，6 月に全長 20〜30 mm，8 月に約 70 mm，10 月に約 60 mm に達する．

　仔稚魚の器官形成についてみると，仔魚体表の遊離感丘は孵化 3 日までに完成し，仔魚は正の走流性を示すとともに負の走光性と底生性が発現する．摂餌は孵化 3 日からみられ，孵化 6 日には摂餌器官と消化器官が機能的分化を遂げる [21]．また，生殖腺原基は孵化後 7 日目には形成され，卵巣の分化は，孵化後 45〜50 日の卵巣腔の形成によって判別できる．精巣の分化は，孵化後 55 日以降に生殖腺の縁辺部付近に生殖細胞が増加することによって判別できる．なお，トラフグには幼時雌雄同体現象は認められていない [22]．

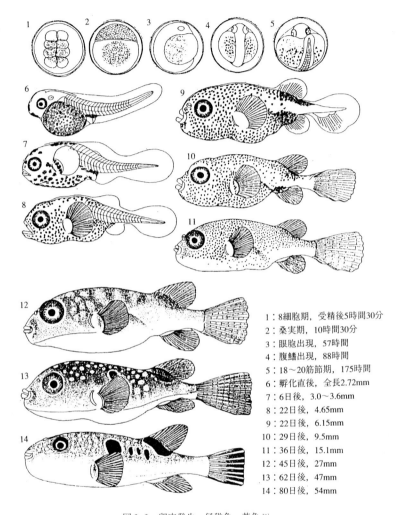

1：8細胞期，受精後5時間30分
2：桑実期，10時間30分
3：眼胞出現，57時間
4：腹鰭出現，88時間
5：18〜20筋節期，175時間
6：孵化直後，全長2.72mm
7：6日後，3.0〜3.6mm
8：22日後，4.65mm
9：22日後，6.15mm
10：29日後，9.5mm
11：36日後，15.1mm
12：45日後，27mm
13：62日後，47mm
14：80日後，54mm

図2・3　卵内発生，仔稚魚，若魚 21)

3・5　卵，仔稚魚，若魚（幼魚）などの生態－福岡湾を例にして－

　福岡水試は福岡湾周辺における卵と幼稚魚の分布調査から，福岡湾を中心とした水域におけるトラフグの生活史を推定している（図2・4）23)．それによると，まず産卵親魚群はふぐ延縄の漁場の推移からみて1月に筑前海域の北東方向（山口県角島沖方面）から来遊し，3月末から4月には糸島〜玄界島や遠賀，

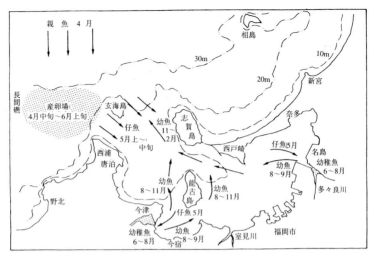

図 2·4　福岡湾付近における発育期別生息場 [23]

北九州の地先水域まで接岸する．産卵期は 4 月中旬から 5 月上〜中旬とされ，ふぐ延縄が終漁する 5 月にはえびこぎ網や 2 そう吾智網で漁獲されるが，6 月以降は姿がみえなくなる．産卵後の親魚の移動は不明であるが，黄海や済州島〜対馬漁場では秋に成魚が漁獲の中心となっていることから沖合漁場とのつながりが予想される．産卵場は，卵の分布からみて福岡湾口の玄界島西方の水深 20〜30 m の海域にある．産出卵は 10 日前後で孵化し，仔魚は潮流により湾内に移送される．

　仔魚は湾内に移送された後は河口の干潟域で幼稚魚期を過ごす．幼稚魚は全長 100 mm に達する 8 月まで干潟域で成育した後，100 mm を超えたものから干潟域を離れていくと推察される．このように幼稚魚期を河口域で過ごすことは有明海 [24]，やその他の水域においても知られている．

　干潟域を離れた幼稚魚は成育場の沖で認められ，さらに湾内の能古島周辺に分布する．8 月下旬には能古島周辺でえびこぎ網やます網の漁場にまで移動して漁獲される．10 月には干潟域からほとんど逸散してしまう．11 月までは湾奥まで分布しているが，12 月には湾奥から姿を消す．幼魚はこの時期には盛んに成長し，6 月に全長 22 mm 体重 0.3 g であったものが，12 月には 250 mm，290 g となる．一部は湾内あるいは湾口近辺で越冬するとみられる．

幼魚～未成魚期の移動生態について標識放流実験結果からみると[25]，0 歳の秋～冬季には福岡湾および唐津湾などの玄界灘沿岸に分布し，1 歳の春になると玄界灘沿岸から玄界灘沖合，日本海沿岸，瀬戸内海，五島周辺，韓国東南岸，黄海などへ分布域を拡大する．筑前海産未成魚および成魚を春（3～4 月）に標識放流したところ，日本海，瀬戸内海，さらには黄海で再捕された．このように成長に伴い分布域を拡大している．

食性についてみると，仔魚後期までは，専ら動物性プランクトンを摂取しているが，稚魚は底生性の小型甲殻類を，未成魚はイワシ類その他の幼魚，エビ・カニ類を，更に成魚はエビ・カニ類，魚類などを好んで食する[3]．このように，生活史の全期を通じてほぼ純動物食性である．

3・6　年齢と成長

東シナ海・黄海，九州西岸域産トラフグの年級群別全長は，1 歳 261 mm，2 歳 346 mm，3 歳 418 mm，4 歳 479 mm，5 歳 530 mm，6 歳 572 mm である[26]．成長は成熟などと同様に個体の重要な機能の一つであるが，年齢によってもその成長度は異なってくる．これまでに，瀬戸内海から東シナ海・黄海に至る各海域における年齢と成長に関する報告があるが，研究者，調査実施年，漁獲海域，性別などによって年齢査定の結果は必ずしも同じではない．個体には雌雄差があり，生理状態にも年齢差がみられ，同じようにみえる個体でも別の基準でみると均一ではない．このように種集団は多数の階層群ででき上がっていると考えられる．種集団の階層分け（組成）は，まず満年齢を基準にして行われることが多いので，生物学的特性の中でも重要な項目の一つである．年齢査定のために主として用いられる年齢形質としては脊椎骨があり，射出骨その他についても検討されている．年齢形質によって求められたベルタランフィー成長曲線によって満年齢の魚の大きさを求めることができる．この他に漁獲物の全長組成のモードから，ベルタランフィーの成長曲線を求める場合もある．表 2・1 に海域別，性別，研究者別に求められている満年齢による 1 歳から 6 歳までの魚の全長を示しておく[26~35]．満年齢の体重は体長－体重の関係式[36] $W=0.01937L^{3.024218}$ に基づいて求められる．成長に年級群の強さによる密度効果が働く可能性や，成長したトラフグから外海域に移動して行くために内海域でのサンプリングに偏りが発生することなどが考えられるが，これらは今後に

残された検討課題となろう.

表2・1　トラフグの年齢と成長

研究者名	発表年	漁獲海域	性別	満年齢の全長（mm）					
				1	2	3	4	5	6(歳)
内田 [26]	1991	黄海から九州西岸域		261	346	418	479	530	572
山口県 [27]	1991	福岡，大分，宮崎，山口，広島，愛媛，高知の各県		238	395	489	545	580	600
岩政 [28]	1988	東シナ海・黄海		280	396	473	524	557	579
尾串 [29]	1987	東シナ海・黄海	♀	250	382	455	512	556	590
			♂	254	377	438	486	524	554
小谷ら [30]	1987	広島県音戸町福岡県豊前市	♀	199	270	331	383	428	467
			♂	197	265	322	371	412	447
伊東・山口 [31]	1984	瀬戸内海中部	♀	190	267	332	386	432	470
			♂	191	260	318	369	412	449
国行・伊東 [32]	1982	瀬戸内海中部		243	355	438	500	546	581
桧山 [33]	1981	瀬戸内海から関門海峡		270	352	420	476	521	559
尾串 [34]	1980	東シナ海・黄海		270	352	420	476	521	559
松浦 [35]	1978	長崎		—	243	344	417	470	508*¹

満年齢の全長は成長式から求めた計算値，一部は著者提示の数値を用いた．*¹の各全長については尾串 [29] を改変，範囲で示されたものの中央値を用いた．

§4. 回遊と成熟

　トラフグは大きな移動，回遊をするのが特徴で [37]，また前述のように幾つもの産卵場があり，産卵場ごとに系群が存在する可能性がある [38]．移動，回遊と系群については，次章の「移動と回遊からみた系群」[37] と「集団遺伝学的手法による系群解析」[38] に詳しい．

　東シナ海・黄海，長崎県西岸沖合，九州北岸域，若狭湾，瀬戸内海三原沖などにおいて実施された天然成魚の標識放流実験は，トラフグが各産卵場へ産卵回遊し，再び東シナ海・黄海などへ回帰することを強く示唆している [37~40]．東シナ海・黄海から九州周辺海域への成魚の回遊は成熟と強い関連をもつことが示されている [16] ので，ここでは当該海域における回遊と成熟について述べることにする．

　朝鮮半島西方の東シナ海・黄海のフグ延縄漁業についてみてみると，一般に漁期は秋季9月に始まり翌春4月に終了している．漁期の初め，漁場は朝鮮半島西方の黄海にあるが，次第に南下し漁期の終わりには九州周辺海域に達して

いる．このような操業の経過は魚群の移動を示唆するものとみられる（図 2・1
参照）．秋季，黄海におけるトラフグの多くは生殖巣が未発達の状態にあるが，
魚群の南下とともに成熟が進んでいくようで，沿岸域では多くの個体の生殖巣
は成熟期に達しており，性成熟が回遊と密接な関係にあると考えられている．
回遊との関係で雌雄別にその性成熟の特徴をみると，雄では黄海からの南下時
には既に成熟を開始しているものも出現しているが，雌では南下後沿岸に向か
う途中で成熟を開始し，産卵至適環境に出会って卵は最終成熟に達し，産卵す
るようである．このようにトラフグは，雄の方が一般の魚類でみられるよりも
かなり早くから繁殖の準備に取りかかり，産卵場には遅くまで滞留し，繁殖成
功に寄与しているのが特徴であるといえよう [16]．

　遊泳力においてさほど優れていると思われないトラフグが，なぜこのような
大回遊をするのかについては今後の研究に待たねばならないが，子孫を残すの
に最も適した産卵場（例えば，生まれた所）へ親は回遊し，産卵後，また索餌
場へ回遊して次の産卵に備えるものと考えられる．今後は，産卵場回帰の問題，
産卵場の環境とともに索餌場の環境，特にトラフグの要求する餌料生物環境や
水温環境などを明らかにして行くことが重要であろう．

§5. 韓国と中国のトラフグ

　近年，韓国および中国からの天然トラフグの輸入量が増えその重要性も高ま
りつつある [1]．韓国の漁獲統計によれば，年間数千 t のフグ類の漁獲があるが，
このうちトラフグ（カラスを含む）は数 % とみられる [41]．韓国産トラフグの
多くは日本へ輸出されている [1]．現在韓国済州島を中心にした養殖トラフグの
日本への輸出があるが，そのもとは日本産種苗に由来している（多部田，私信）．
前述のように韓国南岸の突山島 [13] や巨済島 [14] には産卵場が認められているが，
韓国産親魚による種苗生産が最近は行われていないことは，韓国におけるトラ
フグ漁獲量減少の一端を示すものとみられる．

　かつては黄海，渤海の中国水域においてもトラフグは漁獲され，黄海，渤海
系群などとみられていた [42]．しかし，現在ではその資源量は極めて少ないとみ
られる．張ら [43] は，海州湾，青島外海，山東省栄城沿岸および莱州湾の東部
などを産卵場所と推測しているが，これらは多部田ら（未発表）の現地調査に

26

より，殆どがカラスの産卵場であることが判明している．藤田・姚 44) は青島市周辺，胶南市，日照市沿岸産のトラフグとカラスを用い，人工受精卵を得て，藤田 12) は日照市付近に産卵場があると述べている．この数年，年間数十 t の渤海湾および山東半島沿岸の養殖トラフグがわが国へ輸出されているが，これらのフグの多くはトラフグやカラスとは別種であり（多部田，私信），中国産トラフグ属については今後分類学的検討が必要であろう．

おわりに

以上，トラフグの生物学的特性について概観したが，それらの研究は今やっと端緒についたばかりであり，特に，1）産卵場，2）幼稚魚期の生態，3）系群別の年齢，成長，成熟特性，4）中国産トラフグ属の分類などに関する研究は今後の緊急課題である．

文　献

1) 天野千絵・桧山節久：東シナ海，黄海，日本海，トラフグの漁業と資源管理（多部田 修編），恒星社厚生閣，1997，pp. 53-67.

2) 林　小八：現状と展望，トラフグの漁業と資源管理（多部田　修編），恒星社厚生閣，1997，pp. 9-13.

3) 落合　明・田中　克：トラフグ，カラス，新版魚類学（下），恒星社厚生閣，1986，pp. 1024-1026.

4) H. Kumai , I. Kimura, M. Nakamura, K. Takii, and H. Ishida：*Nippon Suisan Gakkaishi*, 55, 1035-1043 (1989).

5) 阿部宗明・多部田　修：トラフグ，改訂日本近海産フグ類の鑑別と毒性（厚生省生活衛生局乳肉衛生課編），中央法規出版，1994，p. 1.

6) 谷　巌：日本産フグの中毒学的研究，帝国図書，1945，103pp.

7) 藤尾芳久，木島明博：アイソザイムによる魚介類の集団解析，日本水産資源保護協会，1989，pp.407-418.

8) 熊井英水・原田輝雄：近大水産研究所報告，(1)，277-287 (1966).

9) 宮木廉夫：トラフグ属の交雑フグに関する研究，博士学位論文，長崎大学，長崎，1992，119pp.

10) K. Miyaki , O. Tabeta, and H. Kayano：*Fisheries Sci.*, 61, 594-598 (1995) .

11) 山田梅芳：トラフグ，東シナ海・黄海のさかな，西海区水産研究所，1986，pp. 434-435.

12) 藤田矢郎：さいばい，(79)，15-18 (1996).

13) 卞忠圭・盧溫：韓水誌，3，52-64 (1970).

14) 李秉暾・金容億：釜山水産大学臨海研究所研報，(2)，1-11 (1969).

15) 山口県・福岡県：放流技術開発事業報告書（昭和60年度）トラフグ，1986，91pp.

16) 松浦修平：魚類学雑誌，40，128-129 (1993).

17) 岩本明雄・藤本　宏：種苗生産技術の現状，トラフグの漁業と資源管理（多部田　修編），恒星社厚生閣，1997，pp. 97-109.

18) 平田八郎：栽培漁業，瀬戸内海栽培漁業協

会，1，1-5 (1964)．

19) D. Kusakabe, Y. Murakami, and T. Onbe : *J. Fac. Fish Husb. Hiroshima Univ.*, **4**, 47-79 (1962)．

20) 藤田矢郎：日本近海のフグ類，（社）日本水産資源保護協会，1988，128pp．

21) 鈴木伸洋・岡田一宏・神谷直明：水産増殖，**43**，461-474 (1995)．

22) 松浦修平・内藤　剛・新町充人・吉村研治・松山倫也：水産増殖，**42**，619-625 (1994)．

23) 日高　健・高橋　実・伊藤正博：福岡水試研報，(14)，1-11 (1988)．

24) 田北　徹：日水誌，**57**，1883-1889 (1991)．

25) 内田秀和：放流技術開発，トラフグの漁業と資源管理（多部田　修編），恒星社厚生閣，1997，pp.110-121

26) 内田秀和：福岡水試研報，(17)，11-18 (1991)．

27) 山口県：広域資源管理推進事業報告書（平成2年度），1991，p.41．

28) 岩政陽夫：山口外海水試研報，(23)，30-35 (1988)．

29) 尾串好隆：山口外海水試研報，(22)，30-36 (1987)．

30) 小谷正幸・山口義昭・伊東　弘・松井誠一：九大農学芸誌，**41**，195-200 (1987)．

31) 伊東　弘・山口義昭：本四連絡架橋影響調査，(35)，12-28 (1984)．

32) 国行一正・伊東　弘：漁業資源研究会議西

日本底魚部会会議報告（昭和56年度），(10)，25-34 (1982)．

33) 檜山節久：山口県内海水試報告，(8)，40-50 (1981)．

34) 尾串好隆：第28回西海区水研ブロック底魚会議議事録，8-9 (1980)．

35) 松浦　勉：うお，(29)，13-30 (1978)．

36) 山口県・福岡県：トラフグ放流技術開発事業総括報告書（昭和60～平成元年度），1991，43pp．

37) 伊藤正木：移動と回遊からみた系群，トラフグの漁業と資源管理（多部田　修編），恒星社厚生閣，1997，pp.28-40．

38) 佐藤良三：集団遺伝学的手法による系群解析，トラフグの漁業と資源管理（多部田修編），恒星社厚生閣，1997，pp.41-52．

39) 田川　勝・伊藤正木：西水研報，(74)，73-83 (1996)．

40) 内田秀和・伊藤正博・日高　健：福岡水試研報，(16)，7-14 (1990)．

41) 多部田　修・孫泰俊・廬暹・白文河：日水誌，**59**，1679-1683 (1993)．

42) 多部田　修：日本水産資源保護協会月報，(262)，11-21 (1986)．

43) 張仁斎・陸穂芬・趙伝絪・陳蓮芳・藏増嘉・姜言偉：中国近海魚卵和仔魚，上海科学技術出版社，1985，206pp．

44) 藤田矢郎・姚善成：平成5年度日本水産学会秋季大会講演要旨集，1993，p.100．

3. 移動と回遊からみた系群

伊 藤 正 木*

　近年，漁業資源の減少に伴い，資源を管理し，有効に利用する資源管理型漁業の推進が図られている．漁業規制，産卵・生育場の保護，種苗放流など様々な手法が検討され実施されているが，十分な効果をあげるためには，対象資源の現状や対象魚種の生態が十分に把握されていなければならない．分布，移動・回遊に関する情報は種苗放流の効果を高めるためには重要なものであり，系群構造の解明は資源評価の単位を決める際に重要となる．

　トラフグについては花渕[1]が東シナ海・黄海および九州周辺の系群を九州西海群，瀬戸内海西部群，黄海・渤海群の3つとしており，田川・伊藤[2]はこの3群に加えて日本海西部群が存在する可能性を述べている．しかし，近年の標識放流結果から，トラフグは今まで考えられていたよりもはるかに広範囲を移動することがわり，さらに東シナ海・黄海や瀬戸内海以外の日本周辺でも漁場が形成される実態が明らかになって系群構造の再検討が必要となった．

　本論では特に分布，移動・回遊状況の違いに着目し，既存の漁業情報およびアンケート調査の結果と天然魚の標識放流結果をもとにトラフグの移動・回遊について整理し，東シナ海・黄海および日本周辺のトラフグの系群について検討を行った．

§1. 漁業情報からみた分布と漁場

　トラフグは東シナ海・黄海や九州・山口沿岸，瀬戸内海など西日本における主要漁業対象種の一つであるが[3]，図3・1に示したように熊野灘や遠州灘を中心とする東海地方でも1960年頃からすでにトラフグ漁業が営まれ[3~5]，1992年から秋田沖でも小規模ながら漁場が開発された[6]．このほか，若狭湾や能登半島周辺，房総半島でも漁場が形成されている[3,7]．全国の漁業協同組合を対象に西海区水産研究所が実施したアンケート調査では，混獲程度の漁獲は沖縄

* 西海区水産研究所

と小笠原諸島を除いたほぼ全国でみられている [8]. これらの海域における漁期や魚体の大きさ, 漁場の季節推移などその概要を以下に整理した.

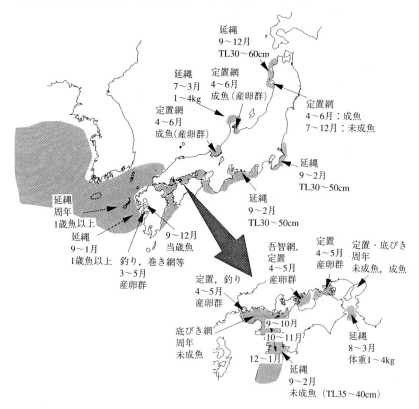

延縄
9〜12月
TL30〜60cm

延縄
7〜3月
1〜4kg

定置網
4〜6月
成魚 (産卵群)

定置網
4〜6月
成魚 (産卵群)

定置網
4〜6月：成魚
7〜12月：未成魚

延縄
9〜2月
TL30〜50cm

延縄
9〜2月
TL30〜50cm

延縄
周年
1歳魚以上

延縄
9〜1月
1歳魚以上

釣り, 巻き網等
3〜5月
産卵群

9〜12月
当歳魚

吾智網.
定置
4〜5月
産卵群

定置
4〜5月
産卵群

定置・底びき
周年
未成魚, 成魚

定置, 釣り
4〜5月
産卵群

底びき網
周年
未成魚

9〜10月

10〜11月

12〜1月

延縄
8〜3月
体重1〜4kg

延縄
9〜2月
未成魚 (TL35〜40cm)

図3・1　日本周辺海域におけるトラフグ漁場

1・1　東シナ海・黄海および九州西・北岸, 山口県日本海の漁場

　この海域は日本のフグ漁業の中心漁場であり, 延縄をはじめ各種漁法でトラフグが漁獲されている [3, 7]. 東シナ海・黄海および九州西・北岸, 山口県日本海におけるフグ延縄の CPUE（100 鉢あたりの漁獲尾数）の分布から推定した漁場の季節的推移をみると（図3・2：花渕 [9] を改変）, 9 月に韓国西方の黄海域に形成された漁場は, 11 月には黄海全域と対馬周辺, 済州島周辺に拡大している. 1 月になると主漁場は南下し, 黄海南部から東シナ海および日本海西部海域に移り, 3〜5 月には天草周辺や北九州・関門海峡付近や山口県日本海沿岸

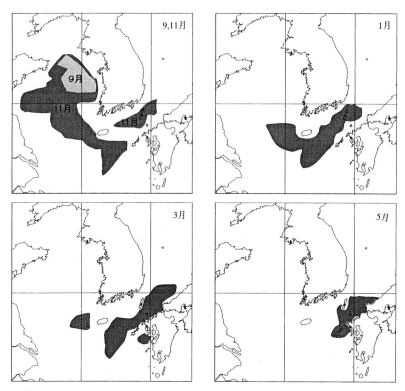

図3・2　東シナ海・黄海におけるトラフグ漁場の季節推移

などに漁場が形成され，6 月以降は延縄による漁獲は終了する．これより東シ
ナ海・黄海で秋季に漁場を形成したトラフグは，季節の推移とともに南下し，
春には日本の沿岸域に来遊するものと推察されている[9]．

　東シナ海・黄海では当歳魚から 70 cm を超える大型魚まで様々な成長段階の
トラフグが漁獲されているが，全長 40 cm 以上の成魚の割合が 6 割以上を占め，
逆に九州西・北岸，山口県日本海では東シナ海・黄海に比べ 40 cm 未満の未成
魚の割合が高い[10]．また，有明海，八代海，福岡湾口などには産卵場があり，春
季に産卵親魚が，秋〜冬にはこれら産卵場の近郊で当歳魚が漁獲されている[3, 7]．
また，五島灘には種々の年級のトラフグが秋〜冬および周年漁獲される漁場が
ある[1]．これらのことから，東シナ海・黄海は成魚および未成魚の索餌海域，

九州西・北岸，山口県日本海は産卵場および当歳魚，未成魚の成育海域と考えらる．

1・2　瀬戸内海周辺海域

瀬戸内海ではトラフグは 4〜5 月の産卵群対象の漁業と夏から冬にかけての若齢魚対象の漁業で漁獲されている [11〜17]．備讃瀬戸，芸予諸島はトラフグの産卵海域で，4〜5 月には産卵成魚が漁獲されるが，芸予諸島海域においては産卵期における漁場の形成状況や漁業者からの聞き取り情報から，産卵群は玄界灘や豊後水道域から伊予灘を通過して芸予諸島海域に来遊し，産卵後は瀬戸内海以外の海域に移動するものと考えられている [11-14]．夏〜冬にはこの産卵場で発生したと思われる当歳魚が漁獲されるほか，周防灘でも底曳網などにより当歳魚が多く漁獲されるなど [15, 16]，瀬戸内海では若齢魚の漁獲が多い．

豊後水道，日向灘海域では延縄で 9〜2 月に主に 40 cm 未満の未成魚が漁獲されており，漁場の推移から 9〜10 月に伊予灘漁場を形成した群が 10〜11 月に豊後水道へ，さらに 12〜1 月には日向灘へ移動すると考えられている [14, 17]．紀伊水道域でも 1〜4 kg サイズを主体に種々の成長段階のトラフグが漁獲されており [18]，豊後水道・日向灘海域および紀伊水道域で越冬し成熟するトラフグも存在すると考えられる．

以上のことから，瀬戸内海はトラフグの産卵場および当歳魚の成育場，豊後水道・日向灘海域および紀伊水道域は未成魚および成魚の成育・索餌場所であることが推測される．

1・3　その他の日本沿岸漁場

東シナ海・黄海，瀬戸内海周辺以外では図 3・1 のように若狭湾，能登半島周辺，遠州灘・熊野灘，秋田沖，房総沖などで漁場が形成されている．若狭湾および能登半島七尾湾では産卵群が対象となっており，漁獲は 4〜6 月に集中している [8]．能登半島の輪島沖では 7〜3 月に延縄などにより体重 1〜4 kg のフグが主体に年間数トンの漁獲がある．秋田沖には 30〜60 cm の未成魚・成魚を対象とした延縄漁場が近年開発され 4〜20 t の漁獲がある [6] ほか，4〜6 月は産卵群と考えられる成魚が，7〜12 月は未成魚が男鹿半島南側の定置網で 1〜3 t 程度漁獲されている [19]．遠州灘から熊野灘にかけての水域では 9〜2 月に延縄による漁場が形成され，全長 30〜50 cm の魚体が漁獲されている [3〜5]．また，

伊勢湾口には産卵場が確認されており [20]，伊勢湾周辺では若齢魚が底曳網など
で漁獲されている．房総沖でも小規模ながら東シナ海・黄海と同様 9～2 月に
延縄漁場が形成され 10 t 程度が漁獲されている [7] ほか，北海道や三陸沿岸から
東京湾にかけての海域でも混獲によりトラフグが漁獲されているとの情報もあ
る（伊藤，未発表）．

　以上のように東シナ海・黄海および日本の周辺海域のトラフグ漁場は，産卵
群を対象とする漁場と索餌群を対象にする漁場の 2 タイプが存在し，その形成
時期は同じタイプの漁場では大きな違いがなく，ほぼ周年にわたって未成魚か
ら成魚まで各成長段階のものが日本周辺海域に分布し漁獲されることがわかる．

§2. 標識放流の実施状況

　魚類の移動回遊を調べる方法として標識放流がしばしば用いられる．トラフ
グについても各地で標識放流が実施されているが，放流魚の由来から，天然魚
対象と人工種苗対象に大別される．ここでは天然魚について実施された標識放
流について整理し，回遊についてまとめた（図 3・3，表 3・1，3・2）．なお，
ここでは全長 40 cm 未満のトラフグを主体とした標識放流を未成魚対象，全長
40 cm 以上が主体となっている場合を成魚対象放流とした．

2・1　未成魚の標識放流結果

　未成魚の標識放流は東シナ海・黄海，筑前海，有明海，瀬戸内海周辺，熊野
灘～遠州灘，秋田沖で実施されている（図 3・3，表 3・1）．

　黄海で山口県の延縄漁船の協力によって実施された標識放流では，トラフグ
の再捕は得られていない [21]．西海区水産研究所によって黄海で放流されたトラ
フグ未成魚は長崎県五島周辺や対馬東方および若狭湾や石川県七尾市沖の日本
海で再捕され，中国沿岸からの報告も 1 例あった [2]．筑前海での放流群は筑前
海，五島灘から玄界灘，関門海峡周辺，山口県日本海側などが再捕の中心であ
ったが，黄海や兵庫県日本海側，新潟県佐渡でも再捕がある [22, 23]．有明海の放
流群は当歳魚であるが，再捕の殆どが有明海や長崎県周辺で得られ，放流後 1
年以上経過後に黄海や渤海でも再捕されている [24～26] が，筑前海の放流魚より再
捕の中心となる海域は狭い．瀬戸内海での放流は芸予諸島海域と周防灘で当歳
魚対象に実施され，再捕場所は発生海域と考えられる海域で多く，その後豊後

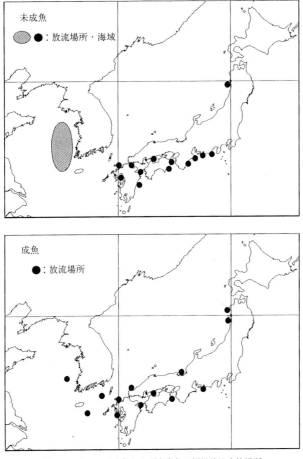

図3・3　トラフグ成魚および未成魚の標識放流実施場所

水道，玄界灘へと拡大する[12~14, 16, 27]．豊後水道，日向灘海域で放流した標識魚
は一部が黄海や兵庫県日本海側で再捕されたが，豊後水道，日向灘および芸予
諸島海域以西の瀬戸内海西部が再捕の中心であった[17, 28~30]．これら瀬戸内海西
部や豊後水道・日向灘海域での放流魚は，紀伊水道や土佐湾，岡山以東の瀬戸
内海東部での再捕は得られていない．したがって，瀬戸内海中西部の発生群は
中部以西の瀬戸内海を回遊し，その後，玄界灘や豊後水道・日向灘へと回遊す
るものと考えられる．紀伊水道域で放流された標識魚は，瀬戸内海全域，豊後

表 3-1 トラフグ未成魚の標識放流の概要

放流場所・海域	実施年月日	放流サイズ/尾数	再捕海域
東シナ海・黄海 2, 21)	1977 1-12 1991 9.3-21	平均22 cm/19 27-61 cm (30-40cm主体)/100	報告なし 中国青島沖, 若狭湾, 能登七尾 各1個体 対馬東方 (3), 五島灘 (3)
筑前海 22, 23)	1989 4 1990 4	平均30.4-33.5 cm/522	玄界灘・対馬周辺 (13), 五島海域 (4), 黄海 (1), 日本海 (山口～兵庫 9), 瀬戸内海 (2), 佐渡ケ島 (1)
有明海 24~26)	1982 9.24-11.4 1983 10.1 1986 10.29,11.13	15-25 cm/659 平均18 cm/1182 平均25 cm/500	有明海 (56), 橘湾 (2), 対馬西 (1), 渤海湾 (1)
瀬戸内海中央部 12~14, 16)	1982-83 10 1991-1994	15-23 cm/406 平均11.6cm/5,631	瀬戸内海中西部 (13), 東シナ海 (1), 日向灘 (1), 五島灘 (2) 瀬戸内海中西部 (158), 豊後水道 (9),
周防灘 27)	1988 9.30-10.26 1989 4.19-5.30	平均15-20 cm/880	周防灘 (86), 豊後水道 (6), 響灘 (2), 玄界灘 (2), 日本海 (山口県油谷町-1)
豊後水道・日向灘 17, 28~30)	1988 11.2 1990 3.3 1988 6.13-10.14 1991 1.24-2.19	平均37.4 cm/33 平均25.6 cm/59 22.5-40.2 cm/729	日向灘・豊後水道 (3), 瀬戸内海中西部 (1) 周防灘 (4), 日本海 (萩-1), 日向灘・豊後水道 (1) 日向灘・豊後水道 (42), 瀬戸内海中西部 (2), 日本海浜坂町 (1), 玄界灘 (1), 五島灘 (1), 黄海 (1)
紀伊水道 18, 31)	1987 3-1989 7 1990~1992	15-49 cm/2,031 25-30 cm/2,276	紀伊水道 (42), 瀬戸内海全域 (8), 豊後水道 (6), 土佐湾 (3), 五島灘 (1) 紀伊水道 (38), 瀬戸内海全域 (36), 豊後水道 (9), 高知県沿岸 (11), 玄界灘 (1), 鳥取沖 (1)
熊野灘 (海山町) 4)	1990 2-3	平均25 cm/342	熊野灘 (11), 駿河湾 (1)
遠州灘 5)	1994 10-1995 1	38 cm 以下主体/1,211	遠州灘 (106), 駿河湾 (16), 三重県沿岸 (12), 紀伊水道 (1), 九十九里沖 (1)
三重県安乗町 32)	1993 11-1994 2	17.7-32.8 cm/312	伊勢湾 (24)
秋田県天王町 19)	1991,93,94 5-7	500 g 未満/1,050	秋田県沖 (13), 新潟県沖 (6), 青森県沖 (日本海-3・太平洋-5), 岩手県沖 (2), 道南 (1), 富山湾 (1), 能登半島 (1)

放流場所・海域の右肩の数字は引用文献, 再捕地の ( ) 内は再捕個体数をそれぞれ示す.

表3・2　トラフグ成魚の標識放流の概要

放流場所・海域	実施年月日	放流サイズ/尾数	再捕海域
東シナ海・黄海 [2]	1989 10.27-11.18 1990 2.12-25 1990 9.6-17	33-60cm/57 37-58cm/44 30-61cm/102	黄海、五島灘、筑前海、日本海、対馬東、周防灘、韓国東岸で各1個体 五島灘、瀬戸内海、若狭湾、日本海西部、で各1個体 対馬東、東シナ十海、瀬戸内海、生月島北、筑前海、五島灘 (2)、黄海 (2)、対馬西側 (2)
筑前海 [23]	1988 4.5, 8, 15	(20)35-60cm/302	筑前海 (2, 2)、黄海 (5)、五島灘 (1, 10)、瀬戸内海 (6, 2)、日本海 (若狭湾-5 山口・島根-3、2)、富山湾 1
長崎県野母崎沖 [33]	1988 4.9, 16	34-56cm/152	黄海 (1)、対馬西沖 (1)、野母崎沖 (3, 2)、五島周辺 (3, 3)、玄海灘 (2)、仙崎湾、阿久根市沖、伊予灘、熊野灘で各1個体
瀬戸内海 [12-13]	1976 4.23,5.7 1978 5.2 1994 5.16-18 [*1]	?/51 ?/81 34.6-65.6cm/104	瀬戸内海、豊後水道、日向灘、玄界灘 布刈瀬戸 (9)、伊予灘 (1, 1)、安芸灘 (1)、志布志湾 (1)、五島灘 (1)、玄界灘 (2, 1) 布刈瀬戸 (1)、長崎県大瀬戸町沖で各1個体
紀伊水道 [31]	1988 3.11-19	38-49cm/25 ?	瀬戸内海 (2)、紀伊水道、土佐湾
豊後水道 [4] (佐田岬沖)	1984 2.24 1985.2.17	23.5-51cm/50 36.5-60cm/32	再捕報告なし
若狭湾 [*2]	1993 5.13	38-61cm/50	若狭湾 (11, 1)、島根沖 (1)、響灘 (4)、富山湾 (1)、能登半島周辺 (1)、瀬戸内海 (1)
山口県萩市沖 [34]	1990 4.24-27	35.5-63cm/44	若狭湾 (2)、浜田沖 (1)、見島沖 (1)、対馬 (1)
秋田県八森沖 [*3]	1994 10.17	34-56cm/72	富山県～青森県日本海、能登、七尾、三陸沿岸
秋田県天王町 [35]	1995 5.10-22	平均47.3cm/113	秋田県沖 (8)、新潟県 (1)、七尾湾 (1)、若狭湾 (1)、三陸沿岸 (4)
浜名湖沖 [*4]	1995 11.14	38-50cm/70	遠州灘 (浜名湖沖～伊勢湾口)

放流場所・海域の右肩の数字は引用文献、再捕地の ( ) 内は再捕個体数を、また太字は産卵期 (3～6月) の再捕をそれぞれ示す.

*1：佐藤ら：平成7年度日本水産学会秋季大会講演要旨
*2：伊藤・小嶋：平成6年度日本水産学会春季大会講演要旨
*3, 4：伊藤未発表

水道，紀伊水道が主要な再捕地であるほか土佐湾でも再捕され，この海域のトラフグ未成魚は主に四国を囲む海域を回遊すると考えられる [18, 32]．遠州灘〜熊野灘の放流では殆どがこの海域内で再捕され，他の海域で再捕されたものは僅かである [4, 5, 32]．秋田沖の標識魚は能登半島から青森県に至る日本海および三陸海域で再捕されているが，東シナ海・黄海，瀬戸内海周辺，遠州灘での再捕はない．したがって，この 2 つの海域の未成魚はこれら海域から他の海域への回遊は殆ど行われないと考えられた．

2・2 成魚の標識放流結果

　トラフグ成魚の標識放流は東シナ海・黄海，筑前海，長崎県野母崎，瀬戸内海中部（芸予諸島海域），佐田岬沖，山口県萩市沖，若狭湾，遠州灘（浜名湖沖），秋田沖で実施されている（図3・3，表3・2）．

　東シナ海・黄海および筑前海で実施された標識放流 [2, 23] の再捕は，比較的似た傾向を示し，索餌期と考えられる 7〜2 月に東シナ海・黄海で，産卵期およびその前後の移動期と考えられる 3〜6 月に九州北西〜北部沿岸，瀬戸内海中西部，若狭湾や七尾湾などの能登半島以西の日本海西部海域で得られている．また，長崎県野母崎での放流魚は主に野母崎沖と五島灘および阿久根市沖などの九州西岸で再捕されるが，回遊範囲は前 2 者に比べ狭い [33]．東シナ海・黄海，九州北・西岸以外の再捕は山口県仙崎湾，伊予灘および熊野灘で 1 例が報告されている．以上より，東シナ海・黄海のトラフグ成魚が日本の沿岸域に産卵回遊していることや九州西岸に来遊したトラフグは，一部を除きあまり広範囲な回遊をしないことが明らかである．瀬戸内海の成魚の標識放流は芸予諸島に来遊した産卵群を対象に実施されたものであるが，再捕地は放流地より西側の海域にみられ，産卵期には瀬戸内海中西部，索餌期には玄界灘もしくは日向灘にかけての海域で再捕されている [12, 13]．また，佐藤らによる標識放流では，放流翌年の産卵期に放流海域の産卵場近くで再捕があり，トラフグが同じ産卵場に回帰することを示唆している[*1]．これらのことから瀬戸内海中部の産卵場に来遊した産卵群は，産卵後西方に向かい，玄界灘もしくは日向灘方面に移動し，次の年の産卵期には再び同じ産卵場に来遊すると考えられる．なお，豊後水道での標識魚の再捕報告は得られていない．

[*1]　佐藤ら：平成 7 年度日本水産学会秋季大会講演要旨

　若狭湾で産卵群対象に実施された標識放流では標識魚は対馬から富山湾にかけての日本海沿岸で再捕されているが，産卵期の再捕は放流地である若狭湾で，他の時期には対馬東方の日本海で再捕されており，瀬戸内海同様に産卵後は西向き，つまり東シナ海・黄海方面へ移動し，翌年の産卵期に若狭湾に来遊すると考えられる*2．山口県萩市沖で放流したトラフグは対馬から若狭湾までの日本海西部海域で再捕されている[3, 4]．秋田沖の標識放流では再捕は未成魚の場合とほぼ同じ若狭湾以東の日本海から青森県日本海および三陸沿岸で得られ，このうち産卵場であると考えられる能登半島七尾湾，天王町沖では，産卵期に再捕がある．東シナ海・黄海や瀬戸内海，遠州灘などの海域からは得られていない[35]．このことから秋田沖の成魚は能登半島から北の日本海および三陸沿岸を回遊し，七尾湾や天王町に産卵回遊すると考えられた．遠州灘における標識放流は実施後まだ1年を経過しておらず，1996年10月現在十分なデータが蓄積されていないが，遠州灘・熊野灘以外での再捕は報告されていない*2．したがって，未成魚同様にこの海域でのみ回遊し，他の海域へ移動する可能性が低いことが推測される．

§3. 日本の周辺海域の移動・回遊と系群

　漁場の形成とその季節的推移および標識放流結果から，日本の周辺海域のトラフグの移動・回遊は以下のように考えられる．

　東シナ海・黄海で秋に漁場を形成するトラフグは，秋～春にかけ九州西・北岸，瀬戸内海中西部，若狭湾などへ産卵回遊し，夏季には東シナ海・黄海で索餌回遊を行う．このうち有明海・八代海など九州西岸の産卵場に来遊する群や発生群は一部を除きあまり大きな移動はせず，九州西岸と東シナ海・黄海を往来すると考えられる．一方，九州北岸に来遊した群は九州西岸の群とは異なりここから更に能登半島以西の日本海や瀬戸内海へも産卵回遊する．九州北岸で発生した群は東シナ海・黄海，九州北岸～日本海西部沿岸で生育するものと考えられる．瀬戸内海へは豊後水道および紀伊水道からも産卵回遊を行う群が存在すると考えられるが，瀬戸内海発生のトラフグは，瀬戸内海で成育後，玄界灘～東シナ海・黄海へ回遊する群と豊後水道または紀伊水道へ回遊する群にわ

　*2　伊藤・小嶋：平成6年度日本水産学会秋季大会講演要旨

かれると推測される．なお，紀伊水道域や豊後水道・日向灘海域においては，産卵期以外にも成魚が若干ではあるが漁獲されているので，これら海域で成熟する群も存在すると考えられる．秋田沖で漁場を形成しているトラフグは未成魚も成魚もこの海域で索餌・成長し，成熟後に七尾湾および天王町の産卵場で再生産を行うと考えられる．熊野灘～遠州灘海域で漁獲対象となっている群もこの海域のみを回遊し，成熟した個体は伊勢湾口の産卵場で産卵すると考えられる．当歳魚は伊勢湾周辺で成育し，この海域に分散するものと考えられる．

　以上のような移動・回遊の違いから日本周辺海域に分布し，漁場を形成しているトラフグには以下のような 5 つの系群が想定された．

　1）東シナ海・黄海と九州北岸，関門周辺，日本海西部を往来し，これら日本の沿岸域で繁殖する群

　2）東シナ海・黄海と九州西岸の五島灘から有明海・八代海を回遊し，繁殖する群

　3）瀬戸内海で発生し，瀬戸内海で弱齢期を過ごし，その後東シナ海・黄海，紀伊水道，豊後水道・日向灘などの瀬戸内海外部へと回遊し，成熟後，瀬戸内海に産卵回遊する群

　4）伊勢湾口の産卵場で繁殖し，遠州灘～熊野灘を回遊する群

　5）七尾湾，天王町周辺の産卵場で繁殖し，能登半島以北の日本海および三陸沿岸を回遊する群

　上記の 5 群を模式化して図 3・4 に示した．

　佐藤ら[35, 36]はトラフグの回帰性および産卵場毎に異なる系群が存在する可能性を示唆している．各産卵場毎の発生群を 1 つの系群と想定すると，上記 5 群は更に細分化される可能性もある．

　加えて，韓国の南岸にはトラフグの産卵場があり，中国沿岸でも産卵場の存在が示唆されている[3, 7]．このことから，東シナ海・黄海および日本周辺のトラフグは日本の沿岸域を発生源とする上記の系群と朝鮮半島や中国沿岸を発生源とする系群により構成されていると考えられる．

　この他，すでに述べたように房総沖で漁場を形成しているトラフグや，北海道，東京～仙台湾の太平洋沿岸で混獲されるトラフグや輪島市沖で漁場を形成するトラフグの帰属は明らかではない．

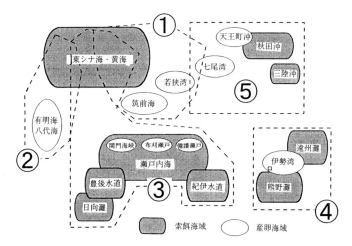

図3・4　東シナ海・黄海，日本周辺海域のトラフグ系群の模式図

　また，筑前海から放流された未成魚（人工種苗を含む）には，佐渡周辺や青森県沖，福島県沖での再捕もあることから，北陸および東北地方に分布・回遊するトラフグに一部が九州北部から供給されている可能性も残されている．

おわりに

　漁業情報，標識放流結果などから日本周辺に分布するトラフグの系群について考察したが，トラフグの系群構造をより明らかにするためには前述のように産卵場への回帰性の検証が重要課題である．このためには，産卵に来遊した産卵群とその産卵場から発生した群への継続的な標識放流が重要と考えられる．しかしこれまでの標識放流では，放流後 2 年を境に再捕報告が激減しており，当歳魚の場合，成熟を開始する 2, 3 歳以降の再捕が十分に得られないため，回帰性の検証に支障となっている．より長期間にわたって再捕報告が得られる標識の開発が望まれるところである．また，アイソザイム分析や DNA 分析などの集団遺伝学的手法の応用も重要課題の 1 つである．さらに，中国および韓国沿岸域のトラフグ漁業，産卵場や回遊についても調査が不可欠である．

文　献

1) 花渕信夫：資源調査研究連絡，（77），1-15
（1988）.

2) 田川　勝・伊藤正木：西海区水研研報,（74）
73-83（1996）.

3) 藤田矢郎：日本近海のフグ類，（社）日本
水産資源保護協会，1988，131pp.

4) 中島博司：水産海洋研究，55，246-251
（1991）.

5) 安井　港・濱田貴史：静岡県水試研報，（31）
1-6，（1996）.

6) 舟木栄一：平成5年秋田県水産振興セ事報，
1994，26-33.

7) 多部田　修：日本水産資源保護協会月報，
（262），11-21（1986）.

8) 伊藤正木：漁業資源研究会議西日本底魚部
会報，（23），73-80（1996）.

9) 花渕信夫：西海ブロック浅海開発会議魚類
研究会報，（3），83-90（1985）.

10) 尾串好隆・神保博之・中原民男：フグ類資
源の有効利用に関する研究報告書，28pp.
山口県外海水試（1984）.

11) D. Kusakabe, Y. Murakami and T. Onbe :
J. Fac. Fish. Anim. Husb. Hiroshima
Univ., 4, 47-79（1962）.

12) 国行一正・伊東　弘・矢野　実：第13回
南西海区ブロック内漁業研究会報告，
1981，75-83.

13) 国行一正・伊東　弘・三尾真一：昭和56
年度漁業資源研究会議西底部会報，1982，
25-35.

14) 伊東　弘・山口義昭：漁業資源研究会議西
底部会報，（15），19-28（1987）.

15) 檜山節久：第13回南西海区ブロック内海漁
業研究会報告，1981，65-74.

16) 佐藤良三・東海　正・柴田玲奈・小川泰
樹・阪地英男：南西水研研報，（29），27-38
（1996）.

17) 寿　久文・上城義信・大石　節：大分県水
試調研報，（14），13-28（1990）.

18) 日本栽培漁業協会：栽培漁業漁村実践活動
調査分析事業報告書（平成5年度），1994，
49-58.

19) 池端正好：平成6年秋田水産振興セ事報，
1995，16-21.

20) 神谷直明・辻ヶ堂　諦・岡田一宏：栽培技
研，20，109-115（1992）.

21) 尾串好隆・藤井泰司：山口外海水試事報，
1978，29-31.

22) 内田秀和・日高　健：西海区ブロック魚類
研究会報，（8），25-30（1990）.

23) 内田和秀・伊藤正博・日高　健：福岡水試
研報，（16），7-14（1990）.

24) 松清恵一・矢野　実：長崎水試研報，（10），
103-105（1984）.

25) 北島忠弘：昭和58年西海区ブロック会議
議事録，1984，13-16.

26) 山口県・福岡県・長崎県：昭和61年放技
開発事報（トラフグ），1987，78pp.

27) 濱田弘之・有江康章・徳田眞孝・宮本博
和・上妻智行：福岡県豊前水試研報，（5），
41-58（1992）.

28) 大木雅彦・黒木　勝・天野忠二：宮崎県水
試試験報告，（112），16pp.（1989）.

29) 水野次彦・杉本　博：平成3年宮崎水試事
報，1992，31-34.

30) 栗田寿男・杉本　博：宮崎県水試試験報告，
（130），12pp.（1993）.

31) 小島　博・城　泰彦・上田幸男・石田陽
司：栽培技研，19，41-49（1990）.

32) 日本栽培漁業協会：栽培漁業漁村実践活動
調査分析事業報告書，平成6年度，1995，
37-49.

33) 山口県・福岡県・長崎県：昭和63年放技
開発事報（トラフグ），1989，58pp.

34) 山口県・福岡県・長崎県：平成2年度放技
開発事報（トラフグ），1991，49pp.

35) 奥山　忍：さいばい，（79），9-14（1996）.

36) 佐藤良三：第26回南西海ブロック内海漁
業研究会報告，1994，28-37.

37) 佐藤良三・小嶋喜久雄：漁業資源研究会議
報，（29），101-113（1995）.

4. 集団遺伝学的手法による系群解析

佐 藤 良 三*

　近年，トラフグの漁獲量は減少の一途にあり，トラフグ資源の有効な資源管理・培養技術の確立が急務とされている．そのためには，トラフグの生態的特性，すなわち，産卵から始まり稚仔魚，幼魚，未成魚および成魚の分布，移動・回遊などを明らかにし，系群を的確に把握することが重要であろう．それによって，発育段階ごと，海域ごとの効率的な漁獲規制および放流方法が実施可能となる．ここでは，分布，移動・回遊に基づき，集団遺伝学的手法により明らかにされつつあるトラフグの系群について述べる．

§1. 系群とは

　魚群の研究は Heincke のニシン研究で始まったといわれている．彼は "race" を同じ時期に海況と海底がほぼ同じ状態にある同じ場所に回遊して産卵し，産卵後消失して翌年また同時期に成熟して回遊してくる魚群であると定義した[1]．"系群" という用語を水産の分野で初めて用いたのは久保・吉原[1]であり，マイワシ資源，マサバ資源など生物学上単一に属する群団を "水産資源の単位体" とし，その単位資源群中にあって形態的および生態的に分離された小群団を "系群 (subpopulation)" と定義した．そのほか，数多くの研究者が魚群を系統群，種族および型群などそれぞれの定義付けをして用いている[1]．集団遺伝学では，Dobzhansky が集団 (population) を "有性生殖過程を通じて遺伝子を交換しあっている個体群" と定義し，沼知は "遺伝子給源を共有する個体群である" と表現した[2]．この集団がメンデル集団である．沼知[2]は，遺伝形質が表現型の発現過程で変化しないために，遺伝学的手法が集団の異同だけでなく集団間の遺伝的混合と独立性などに使えるという長所を強調しながらも，集団研究には生態学的手法，形態学的手法などと組み合わせた多面的な進め方が必要であると述べている．数多くの研究者の魚群の定義をうまく整理したのが

* 南西海区水産研究所

田中[3] であろう．彼は，"系群"を資源変動の単位であり，動態研究において対象とすべき基本的単位であると定義し，系群を分離するためには，産卵場の独立性の証明が必須条件であり，産卵場の在り方，産卵場への回帰行動，さらに分布・回遊に関する情報を得るために集団遺伝学，形態学，生態学，漁況学，標識放流試験などの総合的手法が必要であるとした．この定義付けおよび解析の進め方により，水産資源学で定義した系群と遺伝学で定義した集団が，産卵場への回帰性を共通項として同一用語として用いることができるものと解釈できる．したがって，ここでは系群の定義を田中[3]に従い，集団遺伝学的手法によって判別できた集団を系群と称した．

§2. 総合的系群解析に必要な生態学的知見

系群解析を総合的に検討するためにはトラフグの分布，移動・回遊に関する生態学的知見が必要である．それらの中でも産卵場の所在は最も重要な情報である．トラフグの産卵場は図4・1に示したように，瀬戸内海では関門内海，布刈瀬戸，備讃瀬戸の3海域，九州沿岸では不知火海湾口，島原海湾，西海橋周

図4・1　トラフグの産卵場および当歳魚のアイソザイム分析のための標本採集海域
●は産卵場（実線で囲んだ海域名）

辺，福岡湾の 4 海域，日本海沿岸では関門外海，萩沖，若狭湾および氷見沖にあり，伊勢湾口にもあると報告されている[4, 5]．そのほか，最近では秋田沖で確認されつつあり，遠州灘沿岸にもう 1 カ所存在するのではないかともいわれている．なお，前述の産卵場の中で，関門内海と関門外海は 1 つであり，萩沖および西海橋周辺には存在しないのではないという説もある．トラフグの仔魚期の生態はよくわかっていないが，日高ら[6]は福岡湾のトラフグの生活史を模式化している．それによると，福岡湾口では産卵が 4 月中〜6 月上旬に行われ，5 月上旬には仔魚が福岡湾へ入り始め，多々良川，今津の干潟域に集まり，幼稚魚期の 6〜8 月をそこで過ごす．8〜9 月には福岡湾内へ移動して幼魚として11 月まで生息するが，それ以降外海へ回遊する．このようなトラフグの幼稚魚期の生息域に関する模式図は，檜山[7]の関門内海から周防灘，伊予灘の海域，浦田[8]の有明海から八代海にかけての海域でも描かれている．また，鈴木らは広島県布刈瀬戸で孵化仔魚から幼稚魚の生息場の模式図を作成中である（私信）．このように，どの海域においてもトラフグ幼稚魚は生後数か月まで産卵場周辺海域に生息していることが明らかである．

　佐藤ら[9]は，布刈瀬戸周辺海域から天然当歳魚の標識放流試験を行い，放流数か月以降に西方海域の伊予灘，周防灘，豊後水道，日向灘，玄界灘および五島灘で再捕されたことを報告している．内田ら[10]が筑前海で 4 月始めに産卵前の親魚と思われるトラフグを用いて行った標識放流試験では，産卵期にいくつかの産卵場周辺海域で再捕されている．すなわち，4 月上旬の筑前海では産卵場を異にする群が混合していることを示唆しており，その一部は布刈瀬戸周辺海域でも再捕されている．佐藤ら[11]は 1994 年 5 月中旬に布刈瀬戸周辺海域から 104 尾の親魚の標識放流を行い，放流後 1か月以降から西の海域の玄界灘，五島灘あるいは南の海域の志布志湾などで再捕されている．そして，翌年の産卵期には 5 尾が放流地点の周辺海域で再捕され，他の産卵場周辺海域では再捕されなかった．彼らはまた 1995 年の同時期に 93 尾の標識放流を行い，前年と同様に 5 尾が産卵期に産卵場周辺のみで再捕されている（未発表）．伊藤ら[12]も若狭湾で産卵期に親魚 50 尾の標識放流試験を行い，翌年の産卵期に 4 尾を産卵場周辺海域で再捕したが，1 尾の再捕は瀬戸内海であった．また，人工種苗当歳魚の布刈瀬戸周辺海域からの標識放流試験においても，1 尾が放流後 20

か月目に親魚として産卵期に放流地点周辺海域で再捕されている[9]．宮木ら[13]によれば，有明海から ALC および TC で標識した人工種苗当歳魚が放流後 4〜5 年に親魚として有明海湾口で再捕された．これら天然親魚および人工種苗当歳魚の産卵場周辺海域からの標識放流試験により，トラフグが生まれ故郷の産卵場へ回帰してくることが実証されつつある．

表4・1　トラフグの発育段階別の生息海域，移動および漁法（佐藤ら[5]改変）

発育段階	時　期	生息地，移動，漁法	
産卵，孵化	5 月	産卵場	
仔稚魚	5〜6 月	産卵場付近の干潟のある汽水域	
稚魚	7〜9 月	産卵場の近海 小型定置網，小型底曳網などで漁獲	
幼魚	9〜4 月	産卵場から離れた海域へ移動 ある部分は外海域へ，異なった群が混合 小型底曳網，フグ延縄などで漁獲	混合期
未成魚	5 月以降	外海域（黄海，東シナ海など） 異なった群が混合 フグ延縄，一本釣りなどで漁獲	
成魚	2〜3 年以降	春に外海域から各産卵場への移動 産卵が終わると再び外海域へ フグ延縄，定置網，吾智網などで漁獲	

　表 4・1 にこれまで述べたトラフグの発育段階別の分布，移動・回遊に関する知見を模式的に示した[5]．布刈瀬戸生まれのトラフグを頭に浮かべ表 4・1 を説明すると，5 月に産卵・孵化が行われ，5〜6 月に仔稚魚期，7〜8 月に稚魚期を産卵場周辺海域で過ごす．そして，9 月上・中旬まで幼魚が産卵場周辺海域に生息するが，9 月下〜10 月上旬に沖合へ移動して伊予灘・豊後水道域へ回遊し，やがて大部分が外海域へ出る．伊予灘・豊後水道域および外海域では産卵場を異にする群が混合して未成魚期を過ごし，成熟すると九州沿岸域へ近づき，その後生まれ故郷の産卵場へ回帰する．他の産卵場生まれのトラフグについても概ねこのような生活史をもつものと考えられる．

　ちなみに，これまでトラフグの系群については，漁獲量の地理的分布や魚群の移動・回遊から瀬戸内海系群，日本沿岸系群，黄海・渤海系群の 3 つの系群が存在するという説が考えられ，これが定説とされていた[14]．それに加え，船

越 [15] は，産卵場の存在や，漁獲量の動向から伊勢湾口〜志摩半島沿岸を産卵場とする別系群を提唱している．

§3. 集団遺伝学的手法による系群解析

3・1　アイソザイム分析

　トラフグの回遊規模はマグロ類，サケ・マス類などにはおよばないが，かなり大きな回遊をすることが明らかである（表 4・1）．トラフグの各産卵場の所在は図 4・1 に示したようにそれぞれの海域が離れており，幼稚魚は生後数か月まで産卵場周辺海域に生息する．以後回遊が始まり，未成魚期から成魚期にかけて産卵場を異にする群が東シナ海，黄海，玄界灘などの外海域で混合するが，成熟すると生まれ故郷の産卵場へ回帰する．すなわち，トラフグをサケ・マス類に当てはめていうならば，各産卵場周辺海域がサケ・マス類の各河川あるいは河口周辺であり，東シナ海などの外海域がサケ・マス類の北太平洋に相当するものと考えられる．このような魚種の系群判別を行うには，各産卵場への来遊親魚を分析するのが常套手段であるが，トラフグ親魚は非常に高価であり，集団研究に必要な大量標本の入手は不可能である．そこで，生後数か月まで産卵場周辺海域に生息するというトラフグの生態特性を利用して，アイソザイム分析にはトラフグ幼稚魚が用いられている．

　トラフグの集団解析に使うために十分な変異をもっているアイソザイムは筋肉中の PGM（フォスフォグルコムターゼ）と肝臓中の IDH（イソクエン酸脱水素酵素）である [16, 17]．図 4・2 はトリス-クエン酸（pH 8.0）を緩衝液とし，8％濃度でん粉ゲルを支持体として電気泳動したときの PGM および IDH アイソザイムの模式図である [17]．PGM の構造は単量体であり，これまで検出された遺伝子型は 13 タイプで，PGM-a，b，c，d，および e の 5 対立遺伝子の存在が推定される．遺伝子型 cc，bc および bb は頻繁に出現し，PGM-c 遺伝子頻度は 5 対立遺伝子の中で一番高く，0.500〜0.780 であり，次いで b 遺伝子は 0.140〜0.462 であった．そのほか PGM-a 遺伝子頻度は 0〜0.083，d 遺伝子は 0〜0.072，e 遺伝子は 0〜0.040 であった．一方，IDH の構造は 2 量体であり，図 4・2 のように 4 つの遺伝子型が検出されており，IDH-N，F および F' の 3 対立遺伝子の存在が推定される．原点側のバンドを支配する IDH-N 遺

伝子の頻度が一番高く, 0.604～0.821 であり, F 遺伝子は 0.177～0.396, F'
遺伝子は 0～0.009 であった.

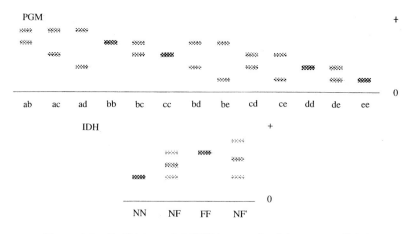

図4・2　トラフグの筋肉中PGMおよび肝臓中 IDH アイソザイムパターンの模式図

　佐藤ら [5] は 1989～1991 年に瀬戸内海, 福岡湾, 島原海湾および伊勢湾のト
ラフグの PGM-c および IDH-N 遺伝子頻度の一様性の検定から, 系群判別を
行っている. それらに 1992～1995 年の分析資料を加えて分析海域を 21 とし
た (図4・1). 表4・2 に 7 か年に分析した全ての採集海域における PGM-c 遺
伝子頻度および尾数を示した. それによると, 全標本数は 78 であるが, 主な
海域においても標本が全ての年に入手できたわけではなく, 50 尾以下の標本が
21, 50 尾以下で数日間以上にわたって集められた標本が 3 つあった. 次に,
IDH-N 遺伝子頻度については 43 標本を分析し, そのうち分析尾数 50 以下が
7 標本, 数日間にわたって集められたのが 3 標本であった (表4・3).

　同一海域における遺伝子頻度の年変動が一部の海域で認められた. 伊勢湾の
1990, 1991 年の PGM-c 遺伝子頻度と 1992, 1993 年の遺伝子頻度に大きな
違いが生じている. 同じく PGM-c 遺伝子頻度では, 1995 年の西条沖におい
て 1 日違いで 1％水準の有意差が認められ, 双方の遺伝子頻度が 1994 年以前
と比べかなり異なっていた. 福岡湾では 1990 年と 1991 年の間に, また庵治
沖周辺海域では 1989 年と 1990 年および 1991 年の間で PGM-c 遺伝子頻度

表4·2　各海域，各年におけるトラフグの PGM-c 遺伝子頻度および尾数（未発表）

採集地*	1989	1990	1991	1992	1993	1994	1995
島原海湾	0.667(84)	0.643(242)	0.653(59)				0.626(131)
八代海		0.641(92)					
大牟田			0.644(87)				
福岡1	0.553(38)	0.575(20)	0.603(78)				0.636(33)
福岡2	0.646(41)	0.650(20)	0.677(93)				0.575(20)
福岡3		0.530(33)					0.609(23)
福岡4		0.656(16)					
福岡5		0.575(53)					
仙崎1						0.607(75)	
仙崎2						0.780(25)	
油谷湾						0.688(16)	
豊後水道						0.630(119)	0.667(84)
埴生1	0.583(53)	0.565(31)	0.598(333)	0.630(69)		0.676(54)	0.717(30)
埴生2	0.619(42)	0.595(21)		0.675(40)			
埴生3		0.500(13)					
厚狭		0.603(38)					
東予	0.700(100)						
西条1		0.655(100)	0.622(98)	0.623(142)	0.660(156)	0.667(126)	0.726(130)
西条2			0.687(134)				0.520(25)
吉和1		0.674(66)	0.674(144)	0.720(41)	0.625(104)	0.707(94)	0.650(207)
吉和2		0.685(46)				0.707(29)	
吉和3						0.603(29)	
田尻1	0.632(95)	0.646(96)	0.685(168)	0.689(140)	0.699(108)	0.649(154)	0.670(194)
田尻2	0.600(50)	0.702(104)					
牛窓		0.651(119)	0.700(90)	0.667(30)	0.679(81)		
庵治	0.580(50)		0.701(139)				
高松						0.641(117)	
大内		0.705(95)					
引田						0.642(53)	
室津		0.645(110)	0.619(159)				
徳島1		0.663(52)					
徳島2		0.663(40)					
伊勢湾		0.647(116)	0.611(90)	0.730(100)	0.770(98)		

* 採集地の数字は採集時期の違いを示す．括弧内は尾数．▨ は複数日の採集．

48

に 5%水準で有意差が認められた．IDH-N 遺伝子頻度においては，吉和沖の 1994 年と 1993 年との間および島原海湾の 1989 年と 1995 年との間で5％水準で有意差が認められた．なお，これらの年変動がサンプリング誤差によるものか，同じ海域に遺伝子頻度の異なった群が存在したことによるものかについては明らかでない．

トラフグ当歳魚のPGM およびIDH アイソザイムの遺伝子頻度の均一性の検定の結果，海域間において 1%水準で有意差が認められたのは 12 例あり，5％水準では 13 例であった（表 4・4）．伊勢湾と瀬戸内海中東部海域との間では，西条沖との間で 3 例，吉和沖との間で 2 例，田尻沖との間で 1 例の計 6 例が

表4・3　各海域，各年におけるトラフグの IDH-N 遺伝子頻度および尾数（未発表）

採集地*	1989	1991	1992	1993	1994	1995
島原海湾	0.619 (84)	0.667 (57)				0.721 (131)
大牟田		0.713 (87)				
福岡 1	0.724 (38)					
福岡 2	0.634 (41)					
仙崎 1					0.719 (73)	
仙崎 2					0.604 (24)	
油谷湾					0.667 (15)	
埴生 1	0.689 (53)	0.635 (333)			0.639 (54)	0.767 (30)
埴生 2	0.643 (42)					
豊後水道					0.702 (119)	
東予	0.755 (100)					
西条 1			0.739 (142)	0.709 (122)		0.703 (133)
西条 2						0.680 (25)
吉和 1		0.708 (144)	0.675 (100)		0.710 (93)	0.746 (207)
吉和 2					0.776 (29)	
吉和 3					0.621 (29)	
田尻 1	0.726 (95)		0.752 (117)	0.691 (55)	0.714 (154)	0.711 (194)
田尻 2	0.700 (50)					
庵治	0.780 (50)	0.687 (139)				
高松					0.701 (117)	
引田					0.740 (48)	
伊勢湾		0.761 (90)	0.780 (100)	0.821 (98)		

* 採取地の数字は採集時期の違いを示す．括弧内は尾数．■は複数日の採集．

1％水準で，庵治沖との間で 1 例が 5％水準で有意であった．そのほか，関門内海の埴生沖との間で 1 例が 1％水準で有意であった．関門内海の埴生沖と瀬戸内海中東部海域との間においても，西条沖，田尻沖および庵治沖との間で 1 例づつの計 3 例が 1％水準で，吉和沖との間で 2 例，東予沖，田尻沖および大内沖との間で 1 例づつの計 5 例が 5％水準で有意であった．福岡湾と瀬戸内海中東部海域との間では，東予沖，田尻沖，庵治沖および大内沖との間で 1 例づ

表4·4　トラフグ当歳魚のPGM-c, IDH-N 遺伝子頻度で有意差が認められた海域間（佐藤ら[5]を改変）

年	酵素	海域	[尾数]	[頻度]		海域	[尾数]	[頻度]
1989	PGM	東予	[100]	[0.700]		福岡湾	[38]	[0.553]
						庵治	[50]	[0.580]
						埴生	[53]	[0.583]
	IDH	島原海湾	[84]	[0.619]		東予	[100]	[0.755]
						庵治	[50]	[0.780]
						田尻	[95]	[0.726]
1990	PGM	埴生	[31]	[0.565]		大内	[95]	[0.705]
						田尻	[104]	[0.702]
		福岡湾	[53]	[0.575]		大内	[95]	[0.705]
						田尻	[104]	[0.702]
1991	PGM	埴生	[333]	[0.598]		庵治	[139]	[0.701]
						田尻	[168]	[0.685]
						西条	[134]	[0.687]
						吉和	[144]	[0.674]
		庵治	[139]	[0.701]		福岡湾	[78]	[0.603]
						室津	[159]	[0.619]
						伊勢湾	[90]	[0.611]
	IDH	埴生	[333]	[0.635]		伊勢湾	[90]	[0.761]
						吉和	[144]	[0.708]
1992	PGM	伊勢湾	[100]	[0.730]		西条	[142]	[0.623]
1993	PGM	伊勢湾	[98]	[0.770]		吉和	[104]	[0.625]
						西条	[156]	[0.660]
	IDH	伊勢湾	[98]	[0.821]		吉和	[100]	[0.765]
						西条	[122]	[0.709]
						田尻	[55]	[0.691]
1995	PGM	西条	[133]	[0.726]		島原海湾	[131]	[0.626]

——：1％水準で有意　---：5％水準で有意

つの計 4 例が 5% 水準で有意であった．島原海湾と瀬戸内海中東部海域との間では，東予沖および庵治沖との間で 1 例づつの計 2 例が 1% 水準で，田尻沖および西条沖との間で 1 例づつの計 2 例が 5% 水準で有意であった．また，同じ瀬戸内海中東部海域において，庵治沖とその西の海域である東予沖および隣接海域の室津沖との間で 5% 水準で有意差が認められた．既に，藤尾ら [16] は太良沖（有明海）の当歳魚 50 尾，下関沖の当歳魚および 1 歳魚を 30 尾づつ，明石沖の当歳魚 56 尾を分析し，これらの系群の違いを検討している．彼らは 10 酵素，16 遺伝子座から遺伝的距離を求め，有明のトラフグと下関のものが近く，これらと明石のトラフグとが離れていることを報告しており，今回の報告と一致している．

　以上述べたように，PGM および IDH アイソザイムの遺伝子頻度には年変動があり，しかも同じ海域間で必ずしも毎年同様に有意差は認められなかったものの，伊勢湾と瀬戸内海中東部海域および関門内海との間，同じ瀬戸内海の関門内海と中東部海域との間，瀬戸内海中東部海域と島原海湾および福岡湾との間において系群の異なることが示唆された．また，布刈瀬戸と備讃瀬戸に 2 つの産卵場をもつ瀬戸内海中東部海域において有意差が 2 例認められたこと，1995 年の西条沖では 1 日違いで PGM-N 遺伝子頻度に有意差が認められたこと，さらに 1990 年の西条沖の PGM では遺伝子頻度の異なった群が混合したときに生じるホモ接合体過多の現象が認められたことなどから，瀬戸内海中東部海域の系群についてはさらに検討していく必要があろう．

3・2　DNA 分析

　開地ら [18] はトラフグのミトコンドリア DNA 全領域と D-ループ領域について，秋田，福岡および瀬戸内海の 5 海域，計 7 海域において 9 標本を分析した．その結果，全領域より D-ループ領域の多様度指数は 1.25 倍高かったが，2 つの領域とも各海域で何れも多型であり，海域間で有意差が認められた．また，瀬戸内海の海域間においても多くの場合有意差が認められ，異なった系群の存在と稚魚の成長による回遊が考えられると報告している．また，筆者らは，現在，特別研究『中回遊魚』でトラフグ筋肉中の核 DNA を RAPD 法により検討している．尾数は少ないものの，伊勢湾の標本は西条沖のどの標本とも異なるパターンを示していた（未発表）．RAPD 法については再現性に問題があり，

現在すぐに結論を出すのは早計であるが，今後，効率的な PCR 条件の確立および適切なプライマーの開発ができれば，精度の高いトラフグの系群判別が期待できよう．

　以上，アイソザイム分析を中心にトラフグの集団遺伝学的手法による系群解析を述べた．トラフグでは DNA 分析が開始され始めたばかりでほとんど知見はないものの，ミトコンドリア DNA 分析 [18] および核 DNA の RAPD 分析はアイソザイム分析に比べ精度の高い系群解析ができる可能性をもっていると考えられる．したがって，アイソザイム分析により系群判別ができなかった海域間に対してDNA解析を試みる価値はあろう．

まとめ

　アイソザイム分析を主とした集団遺伝学的手法によるトラフグの系群判別は，漁況および移動・回遊の知見から推測された瀬戸内海系群をさらに細かく判別するとともに，伊勢湾～遠州灘の系群が独立しているという船越の説 [15] を裏付けた．しかし，伊勢湾と福岡湾，島原海湾との間および福岡湾と島原海湾との間の系群判別ができなかった．このことはアイソザイム分析による系群判別の限界を示しているだけで，これらの海域間の系群が必ずしも同一であるとはいえない．現に，伊藤 [19] は移動・回遊の観点から島原海湾と福岡湾との間およびこれらの海域と伊勢湾との間を別系群としている．現時点では DNA 分析による系群判別は未知数であり，今後，DNA 解析および標識放流試験などによりトラフグの系群判別をさらに進めていけば，系群の数はさらに増加して産卵場の数と一致する可能性がある．それは，トラフグ親魚 [10~13] および人工種苗当歳魚 [9, 13] の標識放流試験から産卵場への回帰性が実証されつつあるからである．トラフグの各産卵場がある程度離れた海域に存在しており，回帰性の精度が100％とはいえないまでも産卵場の独立性が証明できるかもしれない．田中 [3] は，系群を分離するには産卵場の独立性の証明が必要であると述べているが，海産魚において産卵場調査と系群研究を総合的に組み合わせた集団遺伝学的研究は，残念ながらこれまでほとんど行われていない．今後は，集団遺伝学的手法による系群判別の精度を上げるとともに，産卵場の生態学的および集団遺伝学的研究や，標識放流試験などと組み合わせた総合的な系群判別法を確立する

　必要があろう．一方，未成魚～成魚期にはサケ・マス類と同様に，産卵場を異に
する複数系群が外海域などで混合することが明らかにされており，各系群の発
育段階ごとの分布，移動・回遊に関する知見を十分に把握することが必要であ
る．そうすることによって，系群および発育段階ごとの分布，移動・回遊に見
合ったきめの細かい資源管理および資源培養方策の実施が期待できるであろう．

文　献

1 ）久保伊津男・吉原友吉：水産資源学，共立
　　出版，1969，482pp.
2 ）沼知健一：資源生物論（西脇昌治編），東
　　京大学出版会，1974，pp.5-36.
3 ）田中昌一：水産資源学総論，恒星社厚生閣，
　　1985，381pp.
4 ）藤田矢郎：日本近海のフグ類，（社）日本水
　　産資源保護協会，1988，131pp.
5 ）佐藤良三・小嶋喜久雄：漁業資源研究会議
　　報，（29），101-113（1995）.
6 ）日高　健・高橋　実・伊藤正博：福岡水試
　　研報，（14），1-11（1988）.
7 ）檜山節久：山口内水試報，(8)，40-50(1981).
8 ）浦田勝喜：昭和 39 年度熊本水試事業報告，
　　1965，245-249.
9 ）佐藤良三・東海　正・柴田玲奈・小川泰
　　樹・阪地英男：南西水研研報，(29)，27-38
　　（1996）.
10）内田秀和・伊東正博・日高　健：福岡水試
　　研報，(16)，7-14（1990）.
11）佐藤良三・鈴木伸洋・山本正直・柴田玲
　　奈・佐古　浩・後藤幹夫：平成 7 年度日本水
　　産学会秋季大会講演要旨集，p.42（1995）.

12）伊藤正木・田川　勝・小嶋喜久雄：平成 6
　　年度日本水産学会秋季大会講演要旨集，
　　p.54（1994）.
13）宮木廉夫・松村靖治・安元　進・新山　洋・
　　池田義弘・多部田　修・大嶋雄治：平成 8
　　年度日本水産学会秋季大会講演要旨集，
　　p.73（1996）.
14）多部田　修：日本水産資源保護協会月報，
　　（262），11-21（1986）.
15）船越茂雄：水産海洋研究，54，322-323
　　（1990）.
16）藤尾芳久・木島明博：アイソザイムによる
　　魚介類の集団解析，（社）日本水産資源保護
　　協会，1989，407-418.
17）佐藤良三・阪地英男・小川泰樹：漁業資源
　　研究会議西日本底魚部会報，（21），83-97
　　（1993）.
18）開地晃之・佐々木裕之・沼知健一：平成 8
　　年度日本水産学会春季大会講演要旨集，
　　P.83（1996）.
19）伊藤正木：移動と回遊から見た系群，トラ
　　フグの漁業と資源管理（多部田　修編），恒
　　星社厚生閣，1997，pp.28-40.

III. 漁業と資源の動向

5. 東シナ海, 黄海, 日本海

天 野 千 絵 *・檜 山 節 久 *

トラフグは主に東シナ海, 黄海から日本海にかけての西日本に多く分布する魚である. 最近, 東シナ海, 黄海へ出漁するふぐ遠洋延縄漁船は, トラフグやカラスなどのフグ資源の減少および他国船との競合などにより, 同漁場へ出漁する漁船は激減している. 一方, 漁具, 漁法の上でもスジ縄の普及で小型船による近海での操業が容易になり, 小型魚や産卵親魚に対する漁獲圧が強まっている. このままではトラフグ資源もかつてのカラスのように壊滅的な打撃を受ける恐れがあるため, ここで改めて漁業と資源の現状を認識し, 今後のトラフグ資源を如何に維持するかを考えたい.

§1. 漁業の動向

トラフグを対象とする漁業は一般的には延縄, 定置網, 一本釣, 底曳網が主体ではあるが, 当海域の主力漁業は延縄である. その大部分は山口, 福岡, 長崎, 佐賀の4県に集中して所属しており, 各県の漁獲量は100～300tである. 一方, 島根県から秋田県にかけての日本海側での漁獲の主体は定置網で, その他の漁業では混獲される程度であり, 各県とも漁獲量は数t～数10tである.

一方, 中国, 韓国での漁獲量の詳細は把握できないが, 中国では一般に食用の習慣がなく, また韓国では, シマフグなどは食用とするものの, トラフグはほとんどが日本への輸出用となる. 下関唐戸魚市場株式会社 (以下, 唐戸魚市場) には, 1992～1993年に, 年間約10t前後が韓国と中国から輸入され, その大部分はシメ (冷凍物あるいは冷蔵物) であった[1].

1・1 ふぐ延縄漁業と漁場の推移

* 山口県外海水産試験場

　ふぐ延縄の漁法には，延縄を海底に這わす底縄と，海面から 10 m 付近の表層を流す浮縄がある．底縄は 1 鉢に 60 本程度の釣針をつけて 1 回に大型船で 100 鉢，中型船で 80 鉢，小型船で 30 鉢程度使用する．浮縄は 1 鉢の釣針は 66～72 本と多く，1 回の使用鉢数が 150 鉢程度である．近年，浮縄の材質をナイロンテグス糸にしたスジ縄（テグス縄）が九州沿岸域で普及したが，この鉢数は 8～35 鉢，1 鉢の針数は 60～200 本で，船による差が大きい．

　ふぐ延縄漁業の主漁場は 1964 年頃までは山口～五島灘の水域であった．1965 年頃から東シナ海・黄海漁場が開発され，1972 年頃から黄海北部へも進出したが，1977 年の 200 海里水域の設定以降，漁場は大幅に縮小された[2]．

　ふぐ延縄漁業の全盛期（1965～1976）における年間の操業位置を船型規模別にみると，大型延縄船（40～50 t 型）は，9 月の解禁時には黄海北部を漁場とし，水温の低下とともに次第に南下して，済州島から対馬周辺および日本海西部に至る．中型延縄船（19 t 型）は，9 月頃から五島灘周辺で操業を開始し，10～3 月には済州島から対馬にかけての海域に移動し，4～5 月の産卵期には再び五島灘および九州西岸を主漁場とする．沿岸延縄船（15 t 未満）は，ほとんどの場合，日帰り航海が可能な沿岸の海域に限られる．8 月頃から五島灘周辺で操業が始まり，翌年の 5 月頃まで九州西岸から山口県までの沿岸域を漁場とする．

　遠洋延縄漁業の全盛期には黄海中央部でも操業が行われていたが，これは主としてカラスを対象とする浮縄の漁場になっていたためである．しかし，後述するように 1980 年代後半からカラスが激減したために，黄海中央部でふぐ延縄を操業する船はほとんどいなくなった．

　なお 1983 年 12 月に「黄海および東シナ海の海域におけるふぐ延縄漁業の取締に関する省令」が公布され，1984 年 1 月から「届出制」が制度化された．図 5・1 のように届出水域はほぼ北緯 30°以北，東経 128°以西の水域である（以後東経 128°以西を以西漁場，東経 128°以東を以東漁場と呼ぶ）．

　ふぐ延縄漁船の 1995 年現在の漁場を 図 5・1 に示す．従来，出漁していた漁場に比べ，東経 128°以西でも届出水域の境界線に近い部分を中心に操業していることが分かる．

1・2　東シナ海・黄海に出漁する漁船の推移

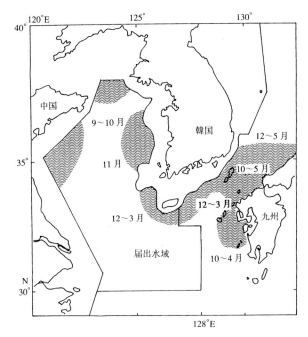

図 5·1　1995 年現在のふぐ延縄漁業の漁場（斜線部が主な漁場）

　漁場の拡大とともに，1975 年頃から遠洋延縄漁船は次第に船を大型化した．しかし 1970 年代後半以降のカラスの漁獲量の減少と，1990 年代のトラフグ漁獲量の急減により，経営が維持できない船が増加し，乗組員不足も加わって着

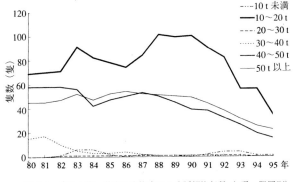

図 5·2　東シナ海, 黄海に出漁するふぐ延縄漁船数（4県・階層別）

業隻数は減少傾向を続けている.

　東シナ海・黄海に出漁するふぐ延縄漁船の全階層の合計は, 1995 年現在, 10 年前の半分以下となっている. これをトン数階層別にみると, 図 5・2 に示すように 40 t 以上の大型船では 1987 年頃から経営不振で廃業する船が相次いだ. また 10〜20 t 未満では 1991 年頃から届出制によって以西漁場に出漁する漁船は減少している.

　山口県萩市越ヶ浜漁協の漁獲成績報告書によれば, 1983〜1985 年における以西漁場では全体の 70〜90% を漁獲していたが, 1986 年には 60% になり, 1992 年には 20% まで落ちている. 以西漁場に出漁する漁船の減少がここからも窺える.

§2. 生産量の動向

2・1　唐戸魚市場における取扱量の年推移

　唐戸魚市場は, 下関市の南風泊 (はえどまり) にフグ専門の市場をもち, 西日本におけるフグの拠点集荷場である. 同市場ではフグ類の種類別, 産地別, 銘

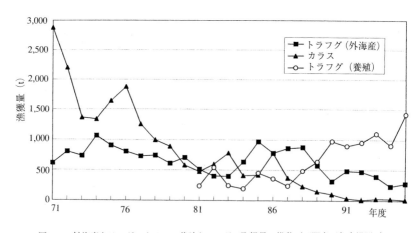

図 5・3　外海産トラフグ, カラス, 養殖トラフグの取扱量の推移 (下関唐戸魚市場㈱)[1])

柄別の取扱量および金額を毎年公表している. 産地は外海産と内海産に区別され, 外海産とは東シナ海・黄海および九州の鹿児島県以西から本州の日本海側で水揚げされたものを指す. 特に外海産トラフグの大部分は同市場に集荷され

る. また内海産とは九州の宮崎県から瀬戸内海, および遠州灘などで水揚げされたものを指す. なお日別, 船別, 漁場別, 魚種別, 活シメ別, 入り数別の水揚げ箱数, 金額は日計表として集計され, これらの情報は電算入力されている.

同市場における外海産トラフグ, カラスおよび養殖トラフグの取扱量の推移を図 5·3 に示した. 外海産トラフグの取扱量は, 1971 年以降, 500〜1,000 t

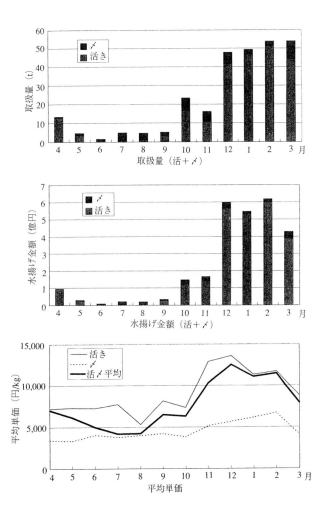

図 5·4　1995 年外海産トラフグの月別取扱量推移(下関唐戸魚市場(株)[1])

の範囲で推移していたが，この数年は500 t を下回り，1994 年には史上最低の233 t に落ち込んだ．一方，遠洋延縄漁業が全盛期のカラスの取扱量は，トラフグの 2～3 倍程度あったが，1976 年以後減少の一途をたどり，現在では数 t～数 10 t しか漁獲されない．また，1981 年には養殖トラフグの取り扱いが始まり，1988 年頃まで 500 t 以下で推移していたが，近年では 1,000 t 以上に増加し，外海産トラフグの取扱量を上回っている．

2・2 取扱量の月別推移

図 5・4 に 1995 年 4 月～1996 年 3 月の外海産トラフグの月別取扱高の推移を示す．ふぐ延縄の漁期は 9 月から翌年 4 月までであるが，取扱量・金額とも最盛期は 12～2 月である．トラフグの活魚と鮮魚（シメ）では単価に 2 倍以上の差があり，取扱量の 83％が活きであることがトラフグの特徴である．また外海産トラフグは，天然トラフグの中でも最高値で取り引きされ，1989 年以降，活魚の年間平均単価は 1 万円／kg 以上の高値を維持している．これらのことから，外海産トラフグを漁獲する東シナ海，黄海に出漁する漁船は沿岸に比べて長期間トラフグを活かす必要がある．そして，これが活魚水槽のスペースをより大きくとるための船型の大型化を引き起こした原因の一つであると考えられる．

2・3 各県におけるフグ類の漁獲量

山口県以西のフグ類の漁獲量は，各県とも数 100 t 台であるが，いずれの県も近年減少傾向にある．一方，島根県以東の日本海側各県の漁獲量は，数 t～数 10 t 程度である．その多くは定置網で漁獲される産卵期のトラフグ親魚で[5]，秋田県や福井県でも産卵場が確認されている[6, 7]．

福井県漁連小浜支所管内において定置網で漁獲されるトラフグの漁獲量の動向は，図 5・5 の上のグラフに示したように，1989 年に 12 t とピークがみられた以外は概ね 5 t 前後で推移している．また，1978～1994 年の 17 年間の月別平均漁獲量は，図 5・5 の下のグラフに示したように 4～5 月に漁獲のピークがみられ，全長 45 cm，平均体重 2 kg 前後の産卵親魚と思われる魚体が漁獲されている．この時期のトラフグは価格が安いので，付加価値を付けるため一部蓄養して年末に出荷される[*1]．

[*1] 福井県水産試験場，河村清和氏私信

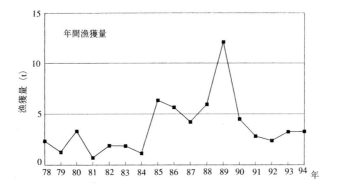

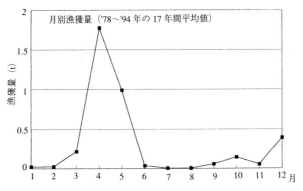

図5·5　福井県漁連小浜支所におけるトラフグの漁獲量
（田烏, 内外海支所, 西津, 小浜市, 大島漁連）

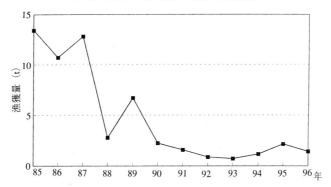

図5·6　3〜5月のトラフグ親魚の漁獲量（布津, 有家, 西有家漁協）
（長崎県水産試験場島原分場資料）

2・4 産卵場における漁獲量

　九州近海におけるトラフグの産卵場は，不知火海，有明海，福岡湾の各湾口部や関門海峡などが知られ[8]，以前から各地で産卵群を対象とした漁業が営まれてきた．しかし，多くの産卵場において近年産卵群の漁獲量が激減している．例えば有明海の湾口部に位置する長崎県の布津，有家，西有家の各漁協では，3〜5月に延縄，引っかけ釣り，吾智網などの漁法により産卵群を漁獲していた[*2]．この3漁協の3〜5月の漁獲量を合計して，1985〜1996年までの推移を図5・6に示した．1987年頃までは10 t以上漁獲されていたものが，1990年以降わずか1〜2 tに落ち込んでいる．もちろん，これらの漁法は一定の漁獲水準以下になると操業しなくなるので，漁獲量の動向が産卵群の資源量動向を直接表しているとはいえないが，漁業として成り立たないぐらいに資源が減少しているといえる．

　このように産卵場での漁獲量が減少した原因として次のようなことが考えられる．トラフグの養殖が盛んになる前は，春先の産卵親魚は「菜種フグ」とも呼ばれ，商品価値が低かった．しかし，最近は養殖用などの種苗生産のため，1尾の産卵親魚が100万円近くの高値で取り引きされることもあり，親魚の早期獲得競争に拍車がかかっている．また遠洋延縄漁業はその全盛期には2月頃に終漁していたが，近年では水揚げの減少に伴い操業期間の終期である4月20日まで操業している．さらに2〜3月に沿岸域で操業するスジ縄では，産卵前の親魚が漁獲されやすいといわれている．これらのことが産卵親魚に対する漁獲圧を高め，産卵場への親魚の来遊量の減少につながったと推察される．

§3. 資源の動向

3・1 延縄漁業における CPUE の推移

　1983〜1993年における遠洋ふぐ延縄漁業の漁法別使用鉢数，漁獲尾数および CPUE を萩越ヶ浜漁協の漁獲成績報告書を基にして，図5・7に示した．漁獲成績報告書には日別漁区，使用鉢数，銘柄別漁獲尾数が記載されている．なお，ふぐ延縄漁業の漁獲成績報告書は届出水域へ出漁する漁船に対して義務づけられている．

　全船の使用鉢数は，1986年をピークに減少傾向を示している．特に以西底

[*2] 長崎県水産試験場島原分場，松村靖治・宮木廉夫氏私信

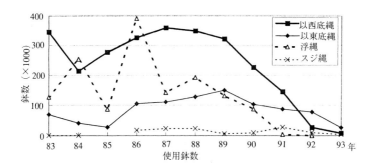

使用鉢数

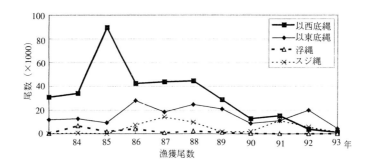

漁獲尾数

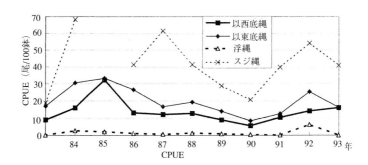

CPUE

図 5・7 ふぐ延縄漁業の漁法別使用鉢数, 漁獲尾数および CPUE (萩越ヶ
浜漁協漁獲成績報告書 (トラフグ) より)

縄と浮縄の減少が著しい．これはともに以西漁場でトラフグおよびカラスを漁
獲していたものが，資源の減少とともにこれらの漁法が衰退したためである．
また，1990 年以降は，大型船は廃業し，中型船の多くが届出水域に出漁しな
くなり，データが入手できなくなったことも影響している．

　全船のトラフグ漁獲尾数は，以西漁場では 1985 年をピークに急激な減少傾
向を示し，1990 年には以東底縄とほぼ同数となった．

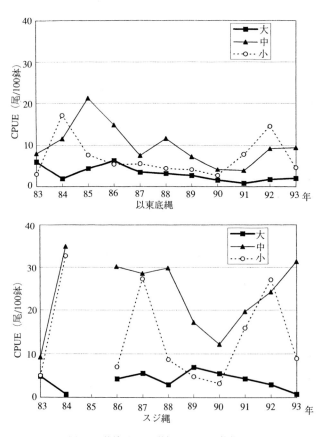

図5・8　漁法別にみた銘柄別 CPUE の推移
（萩越ヶ浜漁協漁獲成績報告書（トラフグ）より）
大，1〜4 入り　（1 尾 4kg 以上）
中，5〜10 入り（1尾 2〜4 kg）
小，12入り以上（1 尾 2 kg 以下）

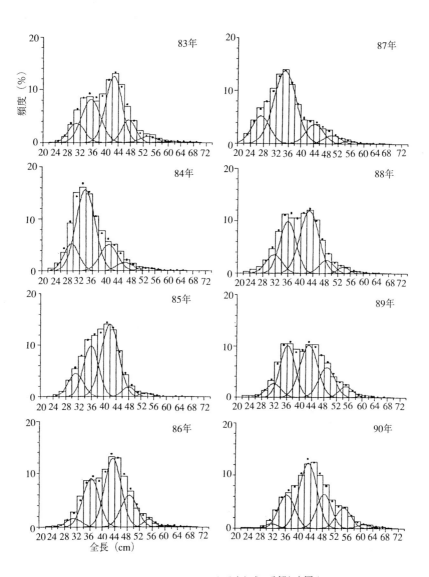

図 5・9　全長組成を年齢別に正規分布組成に分解した図[9]

年間の使用鉢数と漁獲尾数から求めた CPUE（100 鉢あたり漁獲尾数）は，全期間を通じて常にスジ縄，以東底縄，以西底縄，浮縄の順に高く，以西底縄に比べ以東底縄は 1〜2 倍，スジ縄は 2〜4 倍程度高い．また，同じ以東漁場で操業する以東底縄とスジ縄の銘柄別 CPUE の推移を図 5・8 に示した．以東底縄では年によって多少変動はあるものの，CPUE は 100 鉢あたり 20 尾以下で，銘柄区分による大きな差はみられない．

3・2　漁獲の年齢組成

1983〜1990 年に唐戸魚市場に水揚げされた外海産トラフグの全長組成を図 5・9 に示した[9]．銘柄別に測定した毎月の全長組成に，各銘柄の水揚げ尾数で重み付けをして年間の全長組成を求めた．なお，ここでは 9 月〜翌年 8 月までを漁期年度とした．求めた全長組成に正規分布曲線を当てはめ，年齢組成に分解した．年齢分解は各年齢ごとの平均全長が尾串の成長式[10]から得られた全長組成に収まるように田中の図形法[11]により行った．年齢分解は 7 峰まで行ったが 6 歳以上の分解は困難であった．また 0 歳は尾串の成長式に比べて，大きめに推定していた．

年別の年齢別漁獲尾数を図 5・10 に示した．これは唐戸魚市場の入り数別入荷集計表から，上記の方法により年齢別に求めた．1984 年以降，3〜5 年周期で漁獲量は増減する傾向がみられ，主に 1 歳の漁獲割合が多い年にピークが現

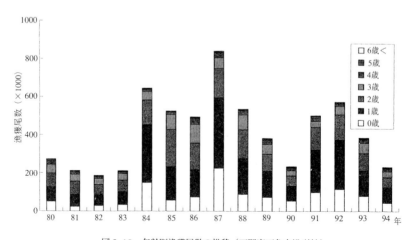

図 5・10　年齢別漁獲尾数の推移（下関唐戸魚市場(株)）

れている. すなわち, 1984 年は全漁獲尾数に対して, 1 歳の割合は 47 %, 1987
年は 44 %, 1992 年は 45 %であった.

　これを各年級群別に並び替えて図 5·11 に示した. 例えば, 1980 年級群の 1
歳とは 1981 年に漁獲された 1 歳魚を指す. この図から卓越年級群の存在が読
みとれる. すなわち, 1983 年級および 1986 年級の 1 歳は, 他の年級に比べ

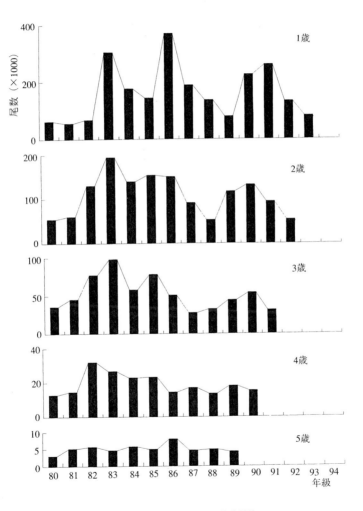

図 5·11　各年級群の年齢別漁獲尾数

て著しく卓越しており，この傾向は 2〜3 歳魚まで継続してみられる．また，1990 年級も 3 歳魚までやや卓越しているのが窺える．

　先に求めた 1980〜1994 年における年齢別漁獲尾数をもとに，コホート解析 [12)] により年齢別初期資源尾数を求め，図 5・12 に示した．なお，コホート解析に用いた自然死亡係数は 0.357，最高年齢を 6 歳として，そのときの漁獲死亡係数は 0.165 を与えた．また，コホートが最高年齢に達していない場合には，過去 3 か年の同一年齢における漁獲死亡係数の平均値を与えた．

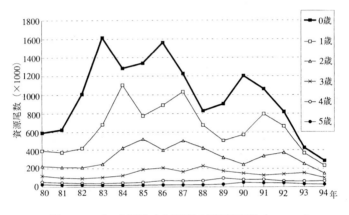

図5・12　コホート解析による年齢別の初期資源尾数（M=0.357）

　9 月における 0 歳の資源量を加入量とすれば，1983 年級と 1986 年級はいずれも 160 万尾前後の加入量であったと推定される．また，1990 年にも 120 万尾程度の加入がみられるが，それ以降の加入量は激減している．

　内田 [13)] は唐戸魚市場に水揚げされた外海産トラフグについて，その生物・漁獲情報をもとにコホート解析と土井の迅速解析手法を組み合わせて，資源診断を行った．その結果，1992 年現在のトラフグ資源は乱獲状態にあり，M＝0.357 のとき，現状の F＝0.573 となり MSY の実現には F を現状の 62％に削減する必要があるとしている．

　前述のように東シナ海において，トラフグと同等に重要であったカラスの漁獲量は，1976 年以降減少傾向を続け，1990 年以降数 10 t にまで落ち込んでいる．この状況について，カラスはトラフグより分布範囲が狭く，また比較的沖

合の表層に分布するため [14), 浮縄による漁獲強度が強く働いたためであろうと推察されている. 岩政 [15) は 1983 年に行ったカラスの資源診断の結果, 1〜2歳魚が全体の 98％を占めており, カラス資源は乱獲状態にあり, MSY を達成するためには漁獲努力量を現状の 85％削減する必要があると提言した. しかし漁獲はそのまま続けられ, 現在の極端な乱獲状態に陥った. トラフグも現状の操業形態が続くとすれば, カラスの二の舞になる恐れがあるといえる.

　トラフグはカラスに比べて行動範囲が広く, 産卵場も各地に散在するので, 比較的弾力性をもった資源であると考えられるが, 近年の状況には危険な兆候も窺える. すなわち, 産卵場への親魚の来遊量が激減していること, 漁獲物の年齢組成が若齢化していること, 卓越年級群となるような大きな加入がここ 5年以上みられないことなどである.

　標識放流の結果などから, 東シナ海と九州・西部日本海沿岸のトラフグは同一系群であるとの見方が有力になっており [16), トラフグ資源を守り有効に利用するためには, 海域全体における資源管理の方策を早急に提示し, 実行に移す必要がある.

文　献

1) 山口県・福岡県・長崎県：平成 6 年度放流技術開発事業報告書・トラフグ, 山口 1-37 (1995).

2) 岩政陽夫・中原民男・大塚雄二：フグ類資源の有効利用に関する研究報告書, 山口県外海水産試験場, 1-28 (1985).

3) 下関唐戸魚市場(株)：魚種別取扱高表(1971〜1995).

4) 水産庁九州漁業調整事務所：ふぐはえ縄漁業届出船名簿・前期分 (1980〜1995).

5) 西部日本海各県編：日本の水産資源に関する研究成果集, トラフグ, 1994 (印刷中).

6) 奥山　忍：さいばい, (79), 9-14 (1996).

7) 伊藤正木・田川　勝・小嶋喜久雄：若狭湾におけるトラフグの標識放流結果について, 平成 6 年度日本水産学会秋季大会講演要旨集, p.54, (1994).

8) 藤田矢郎：さいばい, (79), 52-64 (1996).

9) 山口県・福岡県・長崎県：平成 3 年度放流技術開発事業報告書・トラフグ, 山口 1-24 (1992).

10) 尾串好隆：山口外海水試研報, (22), 30-36 (1987).

11) 田中昌一：東海水研報, (14), 1-13 (1956).

12) 今井千文：パソコンによる資源解析プログラム集 (Ⅱ) (中央水研編) 1990, 46-53.

13) 内田秀和：福岡水技研報, (2), 1-11 (1994).

14) 花渕信夫：漁業資源研究会議西日本底魚部会会議報告, (10), 37-45 (1982).

15) 岩政陽夫：山口外海水試研報, (23), 20-23 (1988).

16) 田川　勝・伊藤正木：西海水研研報, (74), 73-83 (1996).

6. 瀬戸内海とその周辺水域

柴田玲奈*1・佐藤良三*1・東海　正*2

　瀬戸内海には，関門海峡や布刈瀬戸，備讃瀬戸などのいくつかの代表的なトラフグ産卵場が存在し[1, 2]，産卵期にはその周辺で大量のトラフグ親魚が漁獲される[3, 4]．また，伊予灘・豊後水道域，紀伊水道でも，秋から冬にかけて一本釣りや延縄によって大量のトラフグが漁獲される[5]．瀬戸内海では1983年の大発生によってトラフグの好漁が続いた[4]が，若齢魚の漁獲問題から不合理漁獲の影響が懸念されていた．そこで中西部の7県が協力のもとに1988年から5年間にわたって，瀬戸内海中西部のトラフグ資源の管理を目的として，広域資源培養管理推進事業[6]が行われた．しかし，1980年末には伊予灘・豊後水道域で，その後は産卵場周辺水域においても，急激な漁獲量の減少がみられ，より一層のトラフグ研究とそれに基づく放流事業や管理方策の検討が求められている．

§1. 漁業の動向

1・1　内海における漁業種類

　瀬戸内海でトラフグを対象とする漁業には，延縄，ひっかけ釣り（一本釣），小型定置網（壺網，桝網を含む），小型底曳網（ふぐ漕ぎ網を含む），吾智網，敷網（込瀬網，袋待網を含む），刺網などの多種多様な漁業種類や漁法がある．瀬戸内海でトラフグが漁獲される徳島から大分および宮崎の9県における漁獲量の漁法別割合を図6・1に示した．なお最近漁獲がほとんどない大阪と和歌山については除いた．

　図6・1によると，伊予灘・豊後水道域とその外海域を漁場とする山口，大分，宮崎ではフグ延縄による漁獲の割合が高い．同様に紀伊水道域で操業する徳島でもフグ延縄による漁獲の割合が高い．このように外海に近い海域ではフグ延

---

*1 南西海区水産研究所
*2 東京水産大学

縄漁場となっている．これに対して，内海域を漁場とする県では，小型底曳網や小型定置網，敷網など様々な漁業種類がある．広島では主に産卵親魚を小型定置網により，また当歳魚（0 歳魚）を小型底曳網で漁獲している．岡山と香川では主に産卵親魚を敷網により，また当歳魚を小型底曳網により漁獲している．福岡の周防灘沿岸域では小型底曳網と小型定置網による漁獲がほとんどで

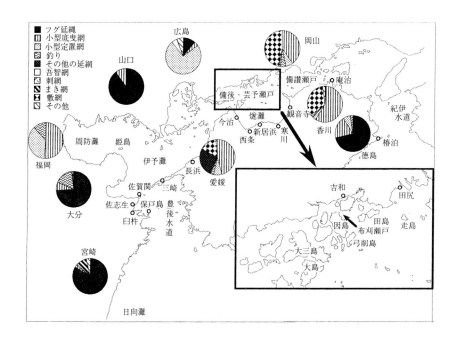

図6・1　瀬戸内海とその周辺域におけるトラフグの主要漁業基地と漁業別漁獲割合（広島，山口，愛媛，福岡，大分，宮崎は平成元年度資源培養管理推進事業報告書[6]より，また岡山，香川，徳島は農林統計におけるフグ類の資料より算出）（未発表）

ある．愛媛では小型底曳網，延縄，敷網，小型定置網など多様な漁業種類でトラフグを漁獲している．これは内海域の燧灘から伊予灘・豊後水道域の広い海域を漁場としているためである．したがって，内海域の燧灘では小型底曳網による割合が，また伊予灘・豊後水道域では延縄での漁獲の割合が高いと考えられる．

1・2　漁業種類別の漁獲実態

　瀬戸内海での主要漁業種類の漁期と漁場を図6・2に示した．ここに示した漁場は同時に各成長段階毎のトラフグの生息分布域でもある．図6・3に示した全

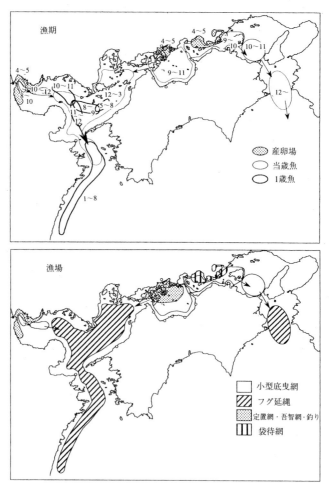

図6・2　瀬戸内海におけるトラフグの年齢別の漁期と漁場（平成元年度資源培養管
理推進事業報告書[6]，檜山[8]，伊東・山口[13]より改変）

長組成は，それぞれ燧灘で操業する愛媛県西条の小型底曳網，豊後水道で操業する大分県臼杵の延縄，布刈瀬戸の産卵場付近で操業する広島県走島・田島の小型定置網（壺網）および広島県田尻の小型定置網（桝網）で漁獲されたもの

である.

　まず, 備後・芸予瀬戸や備讃瀬戸の産卵場周辺で操業する漁業（小型定置網, 吾智網, 釣り, 袋待網）について述べる. かつては産卵場周辺で春に産卵にきたトラフグは"菜種フグ"と呼ばれ, 網を破る害魚として漁師に忌み嫌われた. このときトラフグに価値がなかった理由としては, トラフグの旬（秋から冬）以外の時期に漁獲されても十分な販路がなかったことであった. しかし, その後, 急速冷凍技術の開発によって秋, 冬にまで冷凍保存が可能となったことや, トラフグが季節に限らず食されるようになったことにより, 積極的に漁獲されるようになった. 布刈瀬戸の産卵場において, その周辺の走島, 田島, 弓削島に小型定置網がそれぞれ 130, 45, 80 カ統[3] あり, そのほか産卵場で操業する漁業として因島に釣り, 吉和に釣りと吾智網がある. 走島・田島の小型定置網による漁獲物は全長 350 mm 以上の大型魚がほとんどである[3, 4]. こうした小型定置網による大型魚の漁獲は 3 月末から 5 月の始めまで続く. その後, より産卵場近くの海域で産卵親魚を対象に操業される吾智網, 釣りおよび袋待網で 4 月末から徐々に漁獲が増加し, 5 月が盛漁期となる[3]. 備讃瀬戸の袋待網も産卵期の 4, 5 月に操業され, 同様に大型魚が漁獲される.

　産卵場周辺で小型定置網を操業する走島, 田島, 弓削島の年別漁獲量は, それぞれ互いに正の高い相関を示している[4]. これに対して, 吾智網や釣りの年別漁獲量はこれら小型定置網の漁獲量に対する相関はなく, 来遊してきた資源よりもむしろ努力量の変化により依存している[4]. また, Tokai *et al.* [4] は各漁協の定置網数やその設置場所に大きな変化がないことから, 小型定置網がトラフグの来遊量の指数になるとしている.

　トラフグの産卵生態について吾智網と一本釣による漁獲状況から, 次のように推測されている. 成熟雌は産卵直前餌を食べないため, 釣りでは漁獲されにくい[4, 7]. また, 雌は短期間のうちに放卵を終え, その後直ちに退散するのに対し, 雄は何度も産卵行動に参加し, 産卵場周辺に留まるため[2, 7]に, 吾智網でも雌の漁獲尾数は極めて少ない[4]. 産卵場で吾智網を操業する吉和漁協の漁業者によれば, 産卵場でのトラフグ魚群は雌 1 尾を先頭に多数の雄が追いかけるように遊泳する光景がみられるということ[4]もこれを支持している.

　産卵場近くの河口域で操業される小型定置網（桝網）では, 8 月下旬頃から

当歳魚と思われる全長 100 mm 程度の小型魚が大量に入網する．関門海峡にある産卵場近くの小型定置網（枡網）でも主に小型魚が 8～10 月に漁獲される[8]．西条での小型底曳網による漁獲物は，9 月で全長 150 mm 前後であり（図6・3），9～11 月に燧灘で盛んに小型底曳網によりトラフグ当歳魚が混獲される[9]．その後，伊予灘の小型底曳網においても全長 200 mm 以下のトラフグが漁獲される．このような小型魚の小型底曳網による漁獲は，関門海峡に隣接する周防灘で 10～12 月に[8]，また，備讃瀬戸では 9～10 月にみられる．

伊予灘・豊後水道域では，秋漁として 9～11 月，冬漁として 12～2 月に延縄が盛んに行われる[5]．臼杵の延縄漁獲物にみられるように（図6・3），冬漁（1～2 月）に全長 280 mm 前後の当歳魚と全長 400 mm 前後の 1 歳魚の 2 つのモードがみられ，秋漁（10～11 月）では全長 360 mm 前後の 1 歳魚として漁獲される．寿ら[10]は，伊予灘で当歳魚の割合が高く，豊後水道では 1 歳魚の割合が高いと報告している．

このように漁獲対象ごとにその漁業種類は異なっている．当歳魚の中でも小型のもの（全長 200 mm 未満）は主に小型底曳網で，それより大きい当歳魚および 1 歳魚以上は延縄や一本釣で，産卵親魚を対象とした漁場では小型定置網，一本釣，吾智網，敷網で漁獲される[6,9]．これは，産卵・孵化後，発育段階ごとに生息海域がある程度限定され，それに応じて各海域における漁法が規定されていることによる[11]．

1・3　成長に伴う移動と漁獲実態

トラフグの移動については従来より標識放流調査や漁獲物の全長組成のモニタリング，聞き取り調査など（例えば，檜山[8]，国行・伊東[3]，放流技術開発事業報告書[12]，伊東・山口[13]，資源培養管理推進事業報告書[6,14]）から検討されてきた．それによると，瀬戸内海には布刈瀬戸，備讃瀬戸，関門海峡内海側の 3 カ所の産卵場が知られており[1,7]，瀬戸内海で生まれたトラフグは成長とともに外海へ移動する．ここでは布刈瀬戸を産卵場とするトラフグを中心にその移動・回遊について述べる．産卵は 5～6 月に行われ，仔・稚魚期（5～7月）には産卵場近くの表・中層に生息し，幼魚期（7～8 月）はその周辺海域の強い汽水域に集まる．このとき河口域の小型定置網で小型魚が漁獲される．8～9 月には沖へ向かって移動する[11]．9～11 月には燧灘全域に生息域を拡げ，小型

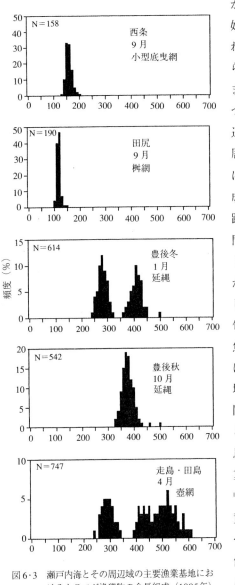

図6・3　瀬戸内海とその周辺水域の主要漁業基地における トラフグ漁獲物の全長組成（1995年）

底曳網に混獲される．11月頃から徐々に伊予灘へ移動を開始して，延縄によって漁獲される．冬になると，伊予灘から一部は関門海峡を越え[10]，また一部は豊後水道に留まりつつも，引き続き豊後水道周辺から南下する．このように周防灘，伊予灘・豊後水道域は布刈瀬戸生まれの当歳魚の成育場あるいは移動・回遊経路となっている[15]．一方，関門海峡内海側を産卵場とするトラフグについては，檜山[8]が漁期と漁場から移動を推測している．産卵盛期は4月下旬〜5月上旬で，成長した当歳魚は8〜12月には周防灘周辺に移動し，伊予灘・豊後水道域へと南下する．したがって，関門海峡内海側で生まれた群と布刈瀬戸で生まれた群の生息域が伊予灘・豊後水道域で重複しているものと思われる[11]．また，これらのトラフグが黄海，東シナ海，玄界灘などへ移動することについては，伊東・山口[13]および佐藤ら[15]による布刈瀬戸からの当歳魚の標識放流試験より報告され

ている．これら瀬戸内海生まれのトラフグが成熟して瀬戸内海の産卵場に来遊することは，田川・伊藤[16] による黄海および東シナ海における成魚の標識放流試験や，内田ら[17] による筑前海からの成魚を主体とした標識放流試験から明らかにされている．

瀬戸内海に入ってからの布刈瀬戸への来遊経路について，国行・伊東[3] は漁獲実態調査より明らかにしている．すなわち，豊後水道や外海からきた産卵親魚群は伊予灘から来島海峡を通過した後に，大三島を東西両側へ分かれる経路と燧灘を横断する経路の合計3経路から最終的に布刈瀬戸の産卵場へ移動すると推測している．この産卵場周辺域の漁法は，大三島周辺の島嶼部では主に一本釣，走島・田島周辺では小型定置網（壺網），布刈瀬戸の産卵場では吾智網と一本釣である．産卵を終えたトラフグが産卵後に外海域へ移動し，翌春の産卵期に再び同じ産卵場に回帰してくることは，布刈瀬戸からの産卵親魚の標識放流試験により明らかにされている[18]．すなわち，瀬戸内海産のトラフグは「産卵入り込み型」であり，産卵期以外には黄海，東シナ海，玄界灘などの海域で西日本の他の産卵場由来のトラフグ群と混じり合って生息していることが推測されている[11]．

備讃瀬戸生まれのトラフグについての情報は極めて限られている．既往の知

表6·1 瀬戸内海および周辺域のトラフグ

年*1)	徳島	香川	愛媛	岡山	広島
1980	35（ 52）	168（229）	164（238）		
1981		203（275）	162（253）		
1982	39（ 62）	186（260）	198（268）		
1983	65（103）	392（536）	274（384）		108（131）
1984	114（170）	417（550）	554（768）		150（170）
1985	62（ 90）	276（383）	369（514）		155（176）
1986	105（134）	544（648）	539（652）		270（290）
1987	142（181）	332（390）	566（717）		287（306）
1988	61（ 77）	240（289）	417（523）		250（263）
1989	137（174）	312（360）	458（539）		222（232）
1990	104（129）	472（553）	399（489）		164（182）
1991	104（131）	456（548）	478（595）	129（138）	133（150）
1992	96（122）	317（371）	405（521）	98（104）	63（ 74）
1993	93（118）	296（351）	322（414）	139（149）	68（ 77）
1994	116（148）	277（330）	484（586）	121（129）	86（ 95）

*1) 1980年〜1985年は藤田[2] の数値（ただし山口，福岡は瀬戸内海の漁獲量を用い

見や聞き取り調査などから，4 月中旬～5 月中旬に産卵が行われ[1]，稚魚はしばらくの間，備讃瀬戸周辺で成長しながら徐々に分布域を拡げ，その後紀伊水道へ向かって移動すると思われる．

§2. 生産量の動向

2・1 トラフグ県別漁獲量

トラフグの漁獲量は農林統計ではフグ類として一括計上されているため，瀬戸内海においても正確な漁獲量の把握は困難である．そこで，藤田[2]と同様にフグ類の漁法別漁獲量よりトラフグの比率を求めて，各県別にトラフグの漁獲量を推測した（表 6・1）．なお漁獲量が欠測した年は空欄とした．ここで用いた比率は，1986～1995 年の統計を基に次の仮定にしたがって計算したので，藤田[2]とは若干異なる．

1）広島県の統計表から，延縄と小型底曳網によるフグ類漁獲量中のトラフグの比率はそれぞれ 75 ％と 78 ％とする．

2）下関唐戸魚市場株式会社（以下，唐戸魚市場）の資料から，外海の延縄漁業の総漁獲量におけるトラフグの比率は 69 ％とする．

推定漁獲量（カッコ内はフグ類漁獲量）　　　　　　　　　　　　　単位：t

山口	福岡	大分	宮崎	合計
218 (393)	67 (82)	193 (521)	42 (373)	887 (1888)
157 (274)	84 (109)	184 (390)	44 (563)	834 (1864)
199 (346)	132 (167)	145 (399)	101 (272)	1000 (1774)
236 (422)	88 (111)	114 (354)	72 (780)	1349 (2821)
571 (953)	81 (92)	291 (924)	359 (792)	2537 (4419)
289 (518)	38 (44)	599 (1138)	280 (635)	2068 (3498)
276 (357)	37 (44)	576 (640)	78 (194)	2424 (2959)
385 (496)	47 (64)	842 (935)	331 (540)	2931 (3629)
230 (296)	25 (33)	347 (385)	143 (327)	1713 (2193)
140 (180)	27 (53)	233 (259)	54 (121)	1584 (1918)
88 (113)	22 (35)	125 (139)	46 (128)	1421 (1966)
126 (159)	17 (20)	188 (209)	109 (202)	1739 (2152)
143 (184)	28 (35)	357 (397)	169 (402)	1678 (2210)
63 (81)	26 (32)	111 (164)	147 (244)	1264 (1630)
77 (99)	25 (31)	144 (159)	152 (315)	1482 (1892)

改めて計算した）

3) 生態調査または聞き込み調査の結果から，産卵期に瀬戸内海の産卵場およびその周辺海域で操業されるひっかけ釣り，吾智網，定置網および袋待網の漁獲はすべてトラフグとする．

4) 豊後水道周辺のトラフグ未成魚を対象とするひっかけ釣りはトラフグが80％の比率とする．山口，福岡（関門海峡周辺を除く），宮崎のひっかけ釣りはすべてサバフグ類とする．

5) 大分県では松久 [19] および聞き込み調査の結果から漁獲量の90％はトラフグとする．

以上の仮定に基づき推定したトラフグ漁獲量（表6·1）によれば，広い海域に漁場をもち，産卵親魚から当歳魚，1歳魚までを対象として多くの漁業種類をもつ愛媛の漁獲量が最も多い．次いで水道域で延縄を操業する大分，香川，山口，宮崎が多い．この中で1990年以降は大分，山口の漁獲量が著しく減少しているのに対して，宮崎では1991年以降も100 t 以上を維持している．また，産卵場をもつ広島県の漁獲量も1990年から200 t を割って大きく減少した．

瀬戸内海およびその周辺域の合計は1991年以降，1,500 t 前後で推移している（表6·1）．1980年から1985年の藤田 [2] の推定した値は，山口，福岡の外海域での漁獲が含まれているので，瀬戸内海のみを改めて算出した．表によると，岡山を除く8県の合計は1980〜1983年までは約800〜1,000 t で推移していたものが，1984年には山口，愛媛，大分，宮崎，香川の急増によって2,500 t を超えた．その後1986，1987年の愛媛，広島，1986年の香川および1987年の大分の漁獲量の増加によって2,000 t 以上を維持したが，1988年以降は漁獲量が大きく減少した．

2·2 海域別漁獲量の経年変化

前述のようにトラフグの漁獲量の資料が少ない中で，比較的長期にわたって把握できているのは，唐戸魚市場の取扱量，備後・芸予瀬戸と伊予灘・豊後水道域の漁獲量，備讃瀬戸で漁獲する香川県庵治，紀伊水道で操業する徳島県椿泊の漁獲量である（表6·2）．唐戸魚市場については周年にわたって西日本の延縄漁船の漁獲物が集められ，内海産（瀬戸内海，遠州灘など）と外海産に分けられたそれぞれの取扱量の年計である [2]．備後・芸予瀬戸の漁獲は3〜6月の

産卵期に布刈瀬戸産卵場周辺域におけるものである。また，伊予灘・豊後水道域については主に 1，2 歳魚を対象とする秋漁（8〜12 月）とさらにこれに当歳魚が加入する冬漁（1〜3 月）の主要 6 漁協の合計漁獲量である。庵治では産卵親魚対象の 3〜5 月に漁獲し，椿泊では周年にわたって未成魚〜成魚を対象にして漁獲したものである。以上の取扱量や漁獲量について，その経年変化

表6・2　瀬戸内海におけるトラフグ漁獲量の経年変化（佐藤・柴田⁹⁾を改変）

単位：t

年	備芸*1	伊豊*2	下内*3	下外*4	庵治*5	椿治*6
1970	−	−	72	132	−	−
1971	−	−	78	548	−	−
1972	−	−	109	720	−	−
1973	−	−	118	765	−	−
1974	−	−	58	850	−	−
1975	−	155	187	967	−	−
1976	33	61	105	831	−	−
1977	165	57	49	712	−	−
1978	23	82	65	624	−	−
1979	11	57	70	728	−	−
1980	12	328	309	739	−	1
1981	47	220	166	569	−	1
1982	95	216	192	417	−	3
1983	86	166	202	408	3	5
1984	119	651	973	568	26	18
1985	117	479	811	830	30	8
1986	317	244	357	712	84	14
1987	202	344	856	871	54	23
1988	133	141	258	811	30	8
1989	193	88	222	664	62	27
1990	69	39	180	437	22	11
1991	29	124	242	386	6	8
1992	30	192	358	490	11	10
1993	43	74	213	425	16	15
1994	39	69	161	296	17	3
1995	25	(81)	157	262	7	5

カッコ内は長浜における 1〜3 月の資料欠
*1 吉和，走島，田島，弓削島，因島における漁獲量の合計
*2 姫島，佐賀関，保戸島，佐志生，三崎，長浜における漁獲量の合計
*3 下関市唐戸魚市場内海産（瀬戸内海，豊後水道および遠州灘など）の取扱量
*4 下関市唐戸魚市場外海産（黄海，東シナ海および日本海など）の取扱量
*5 香川県庵治漁協における漁獲量
*6 徳島県椿泊漁協における漁獲量

を検討する．これら取扱量あるいは漁獲量は産卵場が異なる群を含むにも関わらず，総じて 1980 年代に豊漁期を迎え，その後，減少するという同じような増減傾向がみられる．特に布刈瀬戸産卵場周辺の漁獲である備後・芸予瀬戸の漁獲量と，この産卵場からの群が漁獲の主体をしめる[5] と考えられている伊予灘・豊後水道の漁獲量で，この傾向が顕著である．詳しくは後述するが，この豊漁期の要因の一つは 1983 年と 1986 年には非常に強い卓越年級群が存在したことによる[4]．

　各海域ごとのトラフグの漁獲量は，前節で述べたように漁獲物を構成する主な年齢がある程度限定される．このために，ある海域で漁船数や漁具などの漁獲実態が大きく変わらなければ，ある年級群がその海域での漁獲物中で大部分を占めることによって，回遊経路にあたる複数の海域における漁獲量変動は，漁獲対象年齢の差を時間遅れとしてもちながら，大概一致する．この具体的な例として，1 歳魚以上対象である伊予灘・豊後水道域の漁獲量と 3 歳魚以上対象の備後・芸予瀬戸の漁獲量はちょうど 2 年のずれがあることから，このずれを考慮して漁獲量をプロットすると，両海域間の漁獲量に相関係数が 0.96（自由度 10）の高い相関関係が認められた[9]．このことは，伊予灘・豊後水道域で漁獲されるトラフグは，布刈瀬戸を産卵場とするものが大きく貢献していることを示唆している[5]．この関係を用いると，伊予灘・豊後水道域の漁獲量から，2 年後の備後・芸予瀬戸の産卵場周辺の定置網の漁獲量をある程度予測できる[5]．また唐戸魚市場における外海産トラフグの取扱量と 1 年後の備後・芸予瀬戸の漁獲量にも正の相関関係が認められた[9]．このことは外海産トラフグが黄海，東シナ海，日本海などの外海での漁獲の合計であることから，内海を産卵場とするトラフグが，外海域へ回遊し，そこにおいて高い割合で漁獲されていることを示している．

§3. 資源の動向
3・1 産卵場周辺域における年級群強度

　トラフグの資源状態を評価した報告は既にいくつかみられる[4, 6, 8]．前述したようにトラフグは回遊しながら，ある時期に産卵場を異にする群が混じり合って漁獲される[6] ので，系群ごとに漁獲量の全体を把握することは難しく，した

がって，資源全体を精度高く評価することも難しい．ここでは，1983 年以降の資料が整っている布刈瀬戸産卵場周辺の定置網における漁獲物全長組成と漁獲量から，Tokai *et al.* [4] と同様にこの産卵場に来遊した年齢別の来遊量指数（年級群別漁獲尾数）を推定し，資源状態を検討する．　この産卵場での来遊量の指数は，産卵加入した年齢以後の資源の変化を来遊してきたトラフグを満年齢でとらえることとなり，産卵場やその周辺での漁獲による減少だけでなく，産卵場から外海へ移動する際や，外海に滞留している間の漁獲による死亡をモニターしている．

　そこでこの解析において産卵期の走島・田島の小型定置網での漁獲物の全長組成を田中 [20] の体長組成解析ソフトを用いて，年級群に分解した（図 6·4）．ここで，定置網での漁獲物全長組成を用いた理由は，前述したように吾智網や釣りには漁獲物が雄に偏る傾向があるのに対して，定置網による漁獲には雌雄の偏りがあまりなく，かつその漁獲尾数が年級群分解に用いるデータとして十分であったからである．なお，ここでは，Tokai *et al.* [4] と同様に明らかに年齢が満 1 歳魚と分かる全長 350 mm 以下の個体は年級群組成分解の計算には含めていない．図 6·4 をみると，走島・田島の産卵場におけるトラフグの漁獲物の全長組成は年によって大きく異なる．1983，1984 年などは大きく 2 つの山がある．1985，1988，1992 年では，全長 400 mm 付近をモードとする年齢群の割合が高い．これは成長の研究結果（例えば尾串 [21] など）からすると 2 歳に該当して，それぞれ 1983，1986，1990 年級群に相当する．特に，1983 と 1986 年級はそれぞれ次の年では 480 mm 付近のモードとなり，その後もこれら年級群は山となって現れている．図 6·4 には示さなかったが，1984 年には満 1 歳魚である全長 220 mm に，また 1987 年にも 1986 年級群の満 1 歳魚に，例年にない大きな山がみられた [4]．このように 1983 年級群は 1985，1986 および 1987 年において，また 1986 年級群は 1988，1989 および 1990 年において，漁獲の主体となった．

　次に満 1 歳魚を含めて上記で得られた年級を基に，産卵場周辺の定置網の漁獲量から年級群別に漁獲された尾数を推定する．Tokai *et al.* [4] の結果に，1991 年以降の計算を加えて得られた年級群ごとの漁獲尾数の自然対数値を年齢に対してプロットした（図 6·5）．特に，1983 年級群は 1，2 歳から産卵場

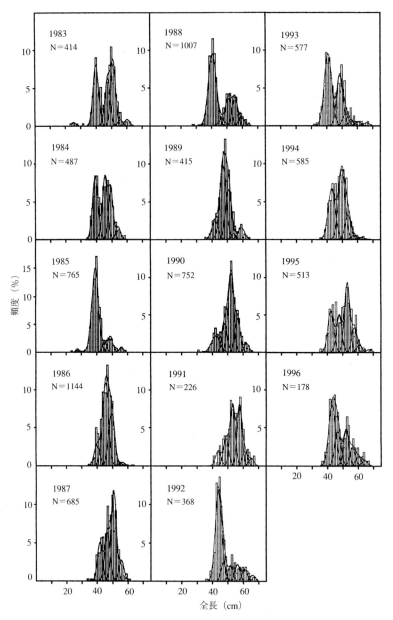

図6・4 布刈瀬戸産卵場周辺の定置網漁業で漁獲されたトラフグの
全長組成の経年変化（1983～1996年）

でかなりの漁獲尾数があったが，これを反映して全体的に漁獲尾数が多く，1986 年級群も他の年級群に比べ漁獲された尾数が多い．この 2 つの年級群が特に強い卓越年級群であったことは明らかである．これら卓越年級群は伊予灘・豊後水道域にも大きな好漁をもたらし [5]，表 6・2 にみられた 1980 年代の豊漁期を支えた．しかし，1986 年以降は，このような大きい年級群は現れておらず，1988，1989 年級群からの漁獲量はかなり小さい．そして海域毎のトラフグ漁獲量の経年変化から明らかなように，トラフグ資源は近年，顕著な減少傾向を示していることがわかる．このような漁獲量の減少の一因として，優勢な卓越年級群が現れていないことが考えられる．

図 6・5 で，3 歳以降の漁獲尾数の傾きは各年級群ではほぼ一致している．これは，一定の割合で減少する年級群が毎年来遊していることを示しており，トラフグの産卵場への回帰を傍証している．このことにより，3 歳時の年級群別漁獲尾数を基に，その後のその年級群からの漁獲量の予測が可能であると考えられる [4]．また，非常に大きな卓越年級群として好漁を支えた 1986 年級群以前は，漁獲尾数は 3 歳でほぼ最大値を示した後に減少していくこと（図 6・5）や，産卵場で漁獲される雄が 2 歳以上であり，雌は 3 歳からであることから，完全加入年齢は

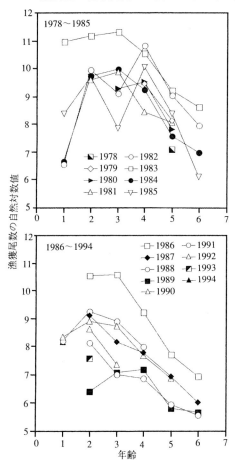

図 6・5　産卵場周辺における年齢に対する年級群別
　　　　　漁獲尾数の変化

3 歳と推定された [4]. しかし，1987 年以後に産卵場へ来遊する年級群は，産卵場周辺での来遊量指数（漁獲尾数）が 2 歳をピークに減少している（図 6・5）. これは従来，3 歳で産卵場へ回帰していたものが 2 歳で回帰するようになったか，あるいは，2 歳から 3 歳までの若齢魚に対する漁獲圧が増加して，2 歳から減少するようになった可能性もある.

　若齢魚に対する漁獲圧増加の可能性は，上述した伊予灘・豊後水道域の延縄と産卵場周辺の小型定置網の漁獲量の関係から，年級群の強度をモニターした場合でも認められる. 例えば，1991 年や 1992 年では，従来に比べて伊予灘・豊後水道域での漁獲量に対する 2 年後の産卵場周辺の漁獲量が低い. これは，豊後水道での漁獲以降に，産卵場に来遊するまでに大きく減少するほど漁獲されたか，あるいは，伊予灘・豊後水道域でその年級群の強度に対して従来より大きな漁獲努力量が投入されて漁獲量が増加したかのいずれかと考えられる. いずれにしても，これらは 3 歳までの沿岸での漁獲圧力が増加している可能性を示すものである.

3・2　資源管理

　瀬戸内海西部海域の漁獲尾数を算出した結果，0～2 歳魚が総漁獲尾数の 97％を占め，とりわけ 0 歳魚と 1 歳魚が多く，この両者で漁獲尾数の 90％，漁獲量の 69％を占めている [6]. また燧灘におけるトラフグ当歳魚の漁獲尾数は 110 万尾 [7] や百数十万尾 [22] と試算されていることからも，小型魚に対する漁獲圧は高いと思われる. そこで最も妥当な管理方策として小型魚の保護が考えられる. 瀬戸内海西部における漁獲尾数 [6] をもとに，Thompson and Bell 法 [23] により加入当たりの漁獲量の解析を行った結果，現状の漁獲係数 F は最適レベルより 25％高く漁獲圧が過剰であることがわかった. 小型魚を保護すること，つまり 0～1 歳を漁獲せず，2 歳魚をほぼ半分，3 歳魚以降を現状通りに漁獲した場合に資源は増加し，加入あたりの漁獲量は現状の 1.3 倍が見込める. 檜山 [8] は山口内海において漁獲開始月齢を現状の 8 月から 11 月にすれば，最大 1.5 倍程度の漁獲増加が期待できるとしている. このように小型魚の保護によって資源を増大させることができるが，実際に管理する場合，当歳魚が小型底曳網から混獲されることを防ぐには，操業方法を改良することや小型トラフグの市場での受け入れを止めるなど具体的な方法を検討する必要がある.

　もともとトラフグの漁獲量の変動は卓越年級群の発生によって 4〜5 年の周期をもつといわれている. 近年の漁獲にもわずかにこの卓越年級群が認められれるものの, その強度は小さく, 漁獲量の減少は依然として続いている. これは年級群の発生が必ずしもよくない状況に加えて, 小型魚の大量漁獲, それに基づく産卵親魚の減少が資源減少に拍車をかけている可能性がある. トラフグ資源の維持・増大を図る上で, 広域資源培養管理推進事業 [6] や放流事業をさらに進めて, 当歳魚, 親魚の漁獲規制による資源管理および種苗放流などを生息域全体で進めていくことが必要であろう.

文　献

1) Kusakabe, D., Y. Murakami and T. Onbe : *J. Fac. Fish. Anim. Husb. Hiroshima Univ.*, 4, 47-79 (1962).

2) 藤田矢郎：日本近海のフグ類. (社) 日本水産資源保護協会, 1988, 128pp.

3) 国行一正・伊東　弘：漁業資源研究会議西日本底魚部会会議報告, (10), 25-34 (1982).

4) Tokai, T., R. Sato, H. Ito and T. Kitahara : *Nippon Suisan Gakkaishi*, 59, 245-252 (1993).

5) Tokai, T., R. Sato, H. Ito, and T. Kitahara : *Fisheries Science*, 61, 428-433 (1995).

6) 広島県・山口県・福岡県・大分県・宮崎県・高知県・愛媛県：平成元年度広域資源培養管理推進事業報告書　瀬戸内海西ブロック, 2-79 (1991).

7) 藤田矢郎：長崎水試論文集, 第2集, 121pp. (1962).

8) 檜山節久：山口県内海水試報告, (8), 40-50 (1981).

9) 佐藤良三・柴田玲奈：本州四国連絡架橋影響調査報告書, (67), 33-54 (1997).

10) 寿　久文・上城義信・大石　節：大分県水試調研報, (14), 13-28 (1990).

11) 佐藤良三・小嶋喜久雄：漁業資源研究会議報告, (29), 101-113 (1995).

12) 山口県・福岡県：昭和60年度放流技術開発事業報告書トラフグ, 91pp (1986).

13) 伊東　弘・山口義昭：漁業資源研究会議西日本底魚部会会議報告, (15), 19-28 (1987).

14) 山口県：平成元年度広域資源培養管理推進事業報告書, 112pp. (1990).

15) 佐藤良三・東海　正・柴田玲奈・小川泰樹, 阪地英男：南西水研報, (29), 27-38 (1996).

16) 田川　勝・伊藤正木：西海水研研報, (74), 73-83 (1996).

17) 内田秀和・伊東正博・日高　健：福岡水試研報, (16), 7-18 (1990).

18) 佐藤良三・鈴木伸洋・山本正直・柴田玲奈・佐古　浩・後藤幹夫：日本水産学会秋季大会講演要旨集, p.48 (1995).

19) 松久正春：ひめぎん情報, (84), 愛媛相互銀行, 142pp. (1985).

20) 田中栄次：資源解析プログラム集 (中央水研編), 69-82 (1990).

21) 尾串好隆：山口外海水試研報, (22), 30-36 (1987).

22) 柴田玲奈・佐藤良三：本州四国連絡架橋影響調査, (65), 195-207 (1995).

23) 永井達樹：資源解析プログラム集 (中央水研編), 212-218 (1990).

7. 伊勢湾と遠州灘

安井　港 *¹・田中健二 *²・中島博司 *³

　伊勢湾・遠州灘を中心とした太平洋中区のトラフグは，1975 年頃から漁業の対象となっていたが，1989 年にかつてない豊漁 ¹⁾ となった．その後は漁獲量の変動が大きいながらも，収益性が高いこともあり，この地域の沿岸漁業として重要な位置を占めている．この海域のトラフグは，主に延縄，底曳網，旋網によって漁獲され，各漁業によって漁獲される年齢組成が異なっている．

§1. 漁獲量の動向

1・1　駿河湾・遠州灘・伊勢湾・熊野灘海域

　1）延縄漁業　　駿河湾・遠州灘・伊勢湾・熊野灘（静岡・愛知・三重県）においてトラフグを対象とする延縄漁業は，10 月に解禁となり翌年 2 月末に終漁となる．延縄の県別漁獲量（表 7・1）によると，漁獲量は 1988 年には 34 t であったが，1989 年には 399 t となり，その後 3 年間は減少し，1993 年にいったん増加し，その後再び減少している．瀬戸内海西部の周防灘，豊後水道の延縄によるトラフグ漁獲量が，4〜5 年毎に増減すること ²⁾ などから考えると，太平洋中区の海域においても漁獲量の周期性がうかがわれる．　延縄漁業は，静岡県では浜名・福田町・地頭方・焼津，愛知県では篠島・日間賀島・師崎・佐久島，また三重県では安乗・波切・尾鷲・遊木浦など図 7・1 に示す各漁協にあり，漁獲が駿河湾西部から遠州灘，熊野灘まで広くみられることがわかる．

　2）小型底曳網漁業　　小型底曳網によるトラフグ漁獲量は一部未集計であるが，表 7・1 に愛知県豊浜漁協と三重県有滝漁協における歴年の漁獲量を示した．これらは主に伊勢湾内で操業する湾内小型底曳網による漁獲である．これによれば，漁獲量は 1988 年が 55 t で最も多く，その後 3 年間減少し，1991 年

*¹ 静岡県水産試験場
*² 愛知県水産試験場
*³ 三重県水産技術センター

には10tとなっている．1992年に増加した後，再び減少している．なお，湾内小型底曳網以外に遠州灘海域で操業する外海小型底曳網においてもトラフグの漁獲があり，愛知県一色，幡豆漁協などで水揚げされている．

表7・1　太平洋中区におけるトラフグの漁法別漁獲量

①静岡・愛知・三重県　　　　　　　　　　　　　　　　　　　　　　　　　　　　　（単位：kg）

漁法漁期	延縄 10〜2月				小型底びき網 1〜12月			まき網 4〜5月
	静岡県	愛知県	三重県	合計	愛知県	三重県	合計	三重県
1987	955	19,530	24,595	45,080	4,226	2,556	6,782	18,214
1988	2,830	10,260	20,898	33,988	44,381	10,798	55,179	63
1989	91,719	92,520	214,618	398,857	27,854	9,659	37,513	66
1990	93,382	59,882	51,056	204,320	20,549	2,096	22,645	9,147
1991	41,520	37,966	30,222	109,708	8,752	1,665	10,417	6,127
1992	24,691	21,842	16,216	62,749	19,191	4,108	23,299	7,356
1993	67,022	79,249	80,518	226,789	17,339	3,587	20,926	4,969
1994	37,721	34,099	23,261	95,081	15,944	4,087	20,031	2,230
1995	27,466	34,749	21,535	83,750	9,498	2,452	11,950	3,687
水揚港	浜名・福田 地頭方ほか	篠島・豊浜 日間賀島ほか	安乗・波切 ほか		豊浜	有滝		安乗

②その他の県　　　　　　　　　　　　　　　　（単位：kg）

年	茨城県	千葉県	和歌山県(熊野灘)	合計
1990	600		2,126	2,726
1991	2,400	3,513	274	6,187
1992	1,300	6,446	1,302	9,048
1993	600	1,785	3,032	5,417
1994	511	2,459	1,043	4,013
1995	352	1,538	1,562	3,452
水揚港	大洗・鹿島灘	大原	三輪崎・勝浦ほか	

3) 旋網漁業　　旋網でトラフグの漁獲がみられるのは三重県安乗漁協のみである（図7・1）．1987年以降の漁獲量（表7・1）は，全体的には減少傾向であるが，最も多い年で18t，少ない年では1t以下となっており，漁獲量変動は大きい．

1・2　その他の海域

太平洋中区でトラフグの漁獲がみられるのは，この他，茨城県の大洗，鹿島

灘，千葉県の大原，和歌山県の三輪崎，宇久井，勝浦などで，この中では，千葉県の大原や和歌山県が多い．しかし，これらの全体での合計は，多い年でも

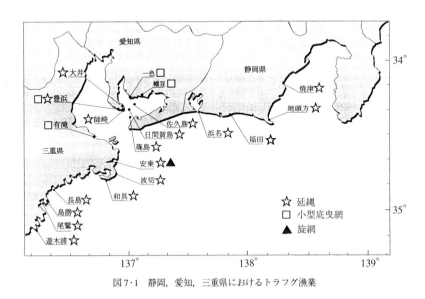

図7·1　静岡，愛知，三重県におけるトラフグ漁業

9 t 程度であり（表 7·1），漁獲量としては伊勢湾・遠州灘・駿河湾・熊野灘に比べ相対的に少ない．

§2．漁業の概要

2·1　延縄漁業

1）延縄漁具・漁法　太平洋中区のトラフグ漁業の中で，最も漁獲量が多いのは前述の通り静岡・愛知・三重県の延縄である．これらの 3 県の延縄については漁業者の自主協定があり，その概要は，次の通りである．

（1）夜間や灯火を用いた操業を禁止し日出からの操業とする，（2）10 月 1 日に解禁とし 2 月末日に終漁とする，（3）600 g 以下の小型魚は放流する．さらに，この自主協定には，漁業種類間での優先順位や禁止漁法などについても定められている．

3 県内での延縄漁具としては，（1）底延縄（3 県で行っている共通の漁法で，針数は 600 本以内），（2）浮延縄（静岡と三重県の一部で認められており，針

数は 200～500 本と海域によって多少異なる），（3）手持（てじ）（静岡県の一部でのみ認められ，針数は 50 本以内で，小型船（1 t 台））の漁法である．

　これらの漁船数や稼働隻数などの把握は，延縄が自由漁業であることから困難ではあるが，1991 年に結成された静岡県のフグの業種団体に加入している隻数と，市場に実際にトラフグを水揚げした隻数（括弧内に示す）は，1991 年 832 隻（348 隻），1992 年 756 隻（284 隻），1993 年 676 隻（347 隻），1994 年 612 隻（337 隻），1995 年 565 隻（280 隻）となっている．実際の操業隻数はこの水揚隻数より若干多いと考えられる．愛知・三重県の実操業隻数に関しての集計はないが，各県の業種別団体への加入隻数から，伊勢湾，遠州灘で操業している漁船はおよそ 500 隻程度と推定される．また，漁船規模では，5 t 未満が全体の 66 % と多く，10 t 未満を含めるとほぼ全数となっている．

　2）延縄漁場　　静岡県水試の資料および三重県水産技術センターの資料 [3] をもとに 1993 年 10 月の漁場図（図 7・2）を作成した．これによれば，トラフグの漁場は駿河湾の沿岸から遠州灘・伊勢湾にかけて形成されているが，漁獲は駿河湾で少なく，遠州灘および伊勢湾口部で多い．この 10 月における漁

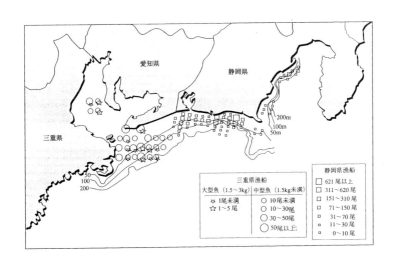

図7・2　静岡，三重県における延縄によるトラフグ漁場図（1993 年 10 月）
静岡県については，標本船 27 隻によって 1 か月間に漁獲された総漁獲尾数，また三重県については，標本船 6 隻（安乗漁協所属）による針 1000 本あたりの漁獲尾数を表示した．

場の水深は，主に 200 m 以浅であるが，遠州灘では一部やや深い水深の漁場で
も漁獲がみられる．11～2 月の漁場も，10 月とほぼ同様ではあるが，若干沖
合に広まる傾向がある．なお，図 7・2 では，熊野灘，渥美半島付近には標本船
の記録はないが，ともに漁場が形成されていたと考えられる．

2・2 旋網漁業

トラフグを漁獲する旋網漁船は三重県に一か統のみあり，19 t 型の 2 艘曳タイ旋網で，魚探船 3 隻，網船 2 隻の 5 隻で構成されている[4]．この旋網は，三重県の安乗沖に確認されている産卵場に来遊する大型魚を対象とした漁業で，産卵期の 4 月中旬～5 月上旬が漁期である．

§3. 資源の動向

3・1 延縄漁業

延縄の 1990 年漁期（漁期は 10 月から翌年 2 月）以降の毎年の全長組成によると，1990 年漁期以外は 36 ～38 cm（解禁当初）にモードをもつ 1＋歳を主体に漁獲している（図 7・3）．トラフグが再生産に関与するのは雄で 2 歳の一部から，ま

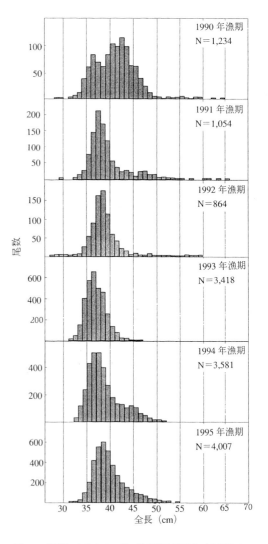

図 7・3 延縄によるトラフグの漁期別全長組成（静岡県内の市場調査，1990～1995 年漁期）

た雌で 3 歳からと考えられ [5]，延縄漁業で漁獲されるトラフグの多くは未成熟
魚である．なお，1990 年漁期は 36 cm 以外に 42 cm （2＋歳）にもモードが
みられ，前年の 1989 年漁期に 1＋歳として多獲された 1988 年級群が卓越年

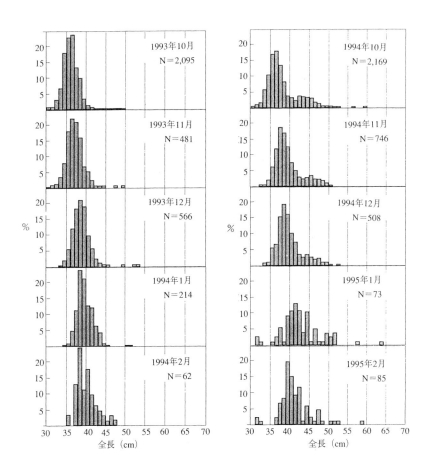

図7·4　延縄によるトラフグの月別全長組成（静岡県内の市場調査，1993，1994 年漁期）

級であったこと，また 1989 年漁期と 1990 年漁期の漁獲量が多かったことか
ら，この海域のトラフグの漁獲量が年級群の大きさにかなり左右されているこ
とがわかる．

延縄の 1993 年漁期と 1994 年漁期の月別の全長組成によると，10 月には 36 cm にモードがあるが，その後次第に大きくなり，終漁時には約 40 cm に成長している（図 7·4）．

3·2　小型底曳網漁業

図 7·5 は愛知県豊浜漁協における小型底曳網の四半期別の全長組成であ

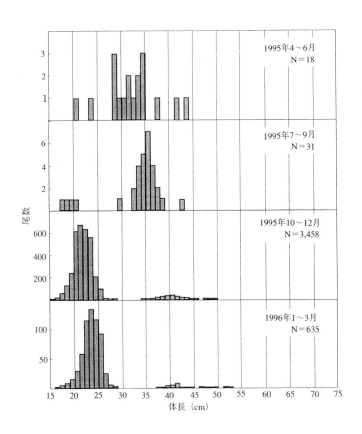

図 7·5　小型底曳網によるトラフグの四半期別全長組成（愛知県豊浜漁協, 1995, 1996 年漁期）

る．4～6 月，7～9 月は測定尾数が少ないが 30 cm 程度の 1 歳魚が主体となっているのに対し，10 月以降はそれより小型の 20 cm 台の当歳魚が多く漁獲されている．

なお，豊浜漁協の湾内小型底曳網漁業は，トラフグが豊漁となった 1989 年頃から小型のトラフグは，15 cm 以上のものが 10 月以降に解禁となる自主ルールを定めている [6].

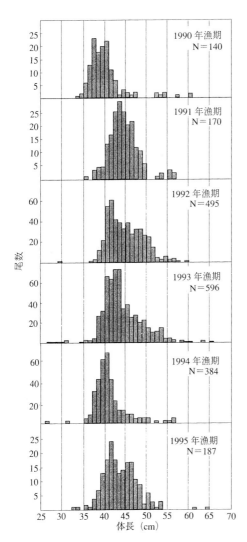

図7·6　旋網によるトラフグの漁期別全長組成（三重県安乗漁協，1990〜1995 年漁期）

3·3　旋網漁業

旋網の 1990 年漁期以降の毎年の全長組成（図 7·6）によると，それぞれの年の出現モードは異なるものの，およそ 40 cm から 50 cm（満 2〜4 歳）を漁獲の中心としている．また，産卵場での漁獲物の性比は極端に雄に偏るとされているが [7]，安乗の旋網による漁獲物の雌の出現率も 0.7％と低く [4] 同様な結果となっている．

3·4　漁業種類別の資源の利用

漁獲対象のトラフグは，図 7·7 に示すように，伊勢湾内の小型底曳網では，全長組成からみてほとんどが春生まれの当歳魚であるが，延縄では，通常，36〜38 cm（解禁当初）にモードをもつ 1＋歳を主体に一部 2＋歳であり，また，旋網では満 2 歳，3 歳，4 歳である．

ここで，小型底曳網と延縄の漁獲対象年齢や，三重県の小型底曳網と翌年の三重県の延縄との相関関係 [8]，また，愛知県豊浜漁協の小型底曳網の漁獲量と翌年の 3 県の延縄の漁獲量に高い

正の相関があること（図7・8）から，漁業種間で相互関係があることが考えられる．このことを利用すれば，小型底曳網の漁獲量から翌年の延縄への資源加入量や，延縄の漁況予測ができる可能性がある．また，延縄で漁獲した天然魚

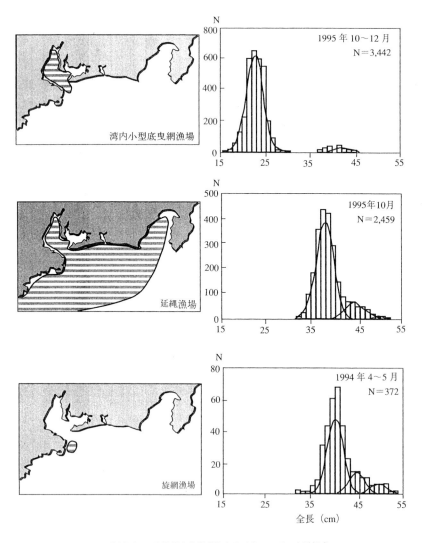

図7・7　漁法別にみた漁場と漁獲対象となるトラフグの全長組成

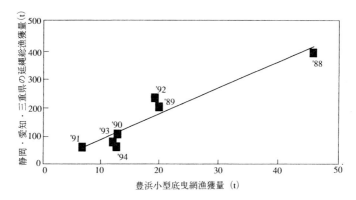

図7・8　N年漁期の小型底曳網漁獲量とN+1年漁期の延縄漁獲量との相関
N年の小型底曳網漁獲量は，当歳魚が漁獲の主体となる10月から翌年の2月までの愛知県豊浜漁協における漁獲量である．N+1年漁期の延縄漁獲量は10月から2月までの静岡，愛知，三重県の延縄総漁獲量である．図中の数字は，N年漁期を示す．

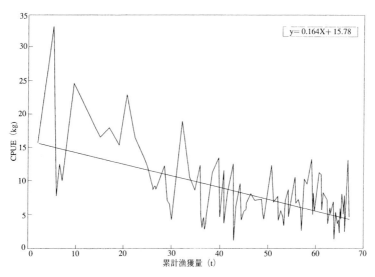

図7・9　静岡県の延縄における累積漁獲量とCPUE（漁獲量kg／隻）（1993年漁期）

を標識放流した場合，翌年の春に旋網の漁場で再捕されることがあること，さらに，遠州灘，駿河湾で標識放流した天然トラフグ（1,211尾）の136尾の再

捕中，134 尾が駿河湾〜伊勢湾で再捕されており[9]，この海域外での再捕が例外的であることなどから，小型底曳網，延縄，旋網が同一の資源を対象にした漁業であることがわかる．

このような資源利用状況の中で，一漁期中に延縄の CPUE と累積漁獲量を示すと図 7・9 となる．すなわち，CPUE は漁期始めに高く，その後大きく減少しており，漁獲が資源へ影響を与えていることが示唆され，漁期間の見直しなどの資源管理が必要と考えられている．

§4. 種苗放流

静岡・愛知・三重県のトラフグの種苗放流は，1985 年頃よりわずかに実施されていたが，1987 年より放流尾数として資料に把握されている[10]（図 7・10）．

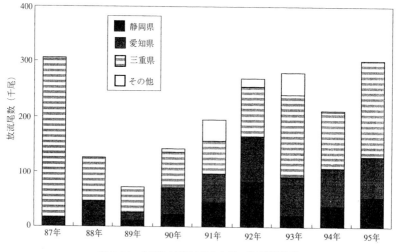

図7・10　太平洋中区におけるトラフグの種苗放流

これによると，1987 年にすでに 30.8 万尾の放流がなされているが，魚体は種苗サイズに近く，平均全長 23 mm であった．最近では，放流尾数としては 30 万尾であるが，放流全長は平均で 70〜80 mm と大型化しており，放流サイズが大きくなるにつれ再捕率が高くなる傾向があること[11]から考えると，資源への添加には大きな違いがあることが推定される．なお，3 県のトラフグの種苗

放流の大半は漁業者団体の事業としてなされている.

　種苗の標識放流も実施されており, 例えば, 静岡県では, 1990 年より 1994 年までに 40,189 尾の標識放流が実施され, 547 尾の再捕があった. その再捕は和歌山県新宮沖, 神奈川県江ノ島での 2 尾を除くと静岡・愛知・三重の 3 県内であり, 遠距離への移動はみられない[12].

　市場での尾鰭の変形魚の調査によれば, 1995 年 10 月の静岡県内の尾鰭の変形魚の出現率は 10.15 ％ で, 種苗放流の資源への添加が確認されている.

おわりに

　平成 7 年漁期の静岡県の延縄の資料を基に, 資源の利用と現状について推定を行った (表 7・2). これによると, まず第 1 に, 静岡県で漁獲が最も多い浜

表7・2　1995年延縄漁期における月別および年齢別漁獲尾数推定

①月別平均体重および漁獲尾数の推定

月	浜名漁協における漁獲			静岡県全体	
	漁獲量 kg	漁獲尾数	1 尾平均 kg	漁獲量 kg	漁獲尾数
10	10,786	9,427	1.144	14,154	12,370.6
11	4,015	2,923	1.374	4,964	3,613.9
12	2,799	1,837	1.524	4,706	3,088.6
1	1,772	1,068	1.659	2,402	1,447.7
2	833	444	1.876	1,240	660.9
	20,205	15,699	1.287	27,466	21,181.7

②体長組成から推定した年齢別総漁獲尾数

年齢	10月		総漁獲尾数	
	平均全体 cm	計算尾数値	割合	尾数
1＋	37	1,406.80	86.98	18,424.65
2＋	45	196.33	12.14	2,571.30
3＋	61	10.22	0.63	133.85
4＋以上	54	3.97	0.25	51.99
		1,646.32	100.00	21,181.79

名漁協で月別の漁獲尾数の調査を漁獲量調査にあわせ実施しているが, 毎月の漁獲尾数から 1 尾平均の体重を求めると次のようになる. すなわち, 10 月は 1.1 kg であるが, 12 月は 1.5 kg, 2 月は 1.9 kg と漁期が進むにしたがって平

96

均体重の増加がみられる. また, 第 2 として, 平均体重から月別の漁獲尾数を算出すると, 解禁の 10 月は 1.2 万尾の漁獲があり, 漁期当初の 1 か月間で全体の 58 % を漁獲し, 11 月以降はかなり漁獲が落ち込んでいることがわかる. 第 3 として 10 月の全長組成を基に年齢分解した結果から, 漁期中の漁獲尾数を計算すると, 1＋歳 (37 cm) が 18 千尾 (87.0 %), 2＋歳 (45 cm) が 3 千尾 (12.1 %), 3＋歳 (51 cm) が 0.1千尾 (0.6 %) であり, 1＋歳の若齢魚が全漁獲尾数の 87 % を占めているのがわかる. すなわち, 延縄漁業の観点で考えると, 1＋歳の若齢魚が漁獲の主体であり, 漁獲強度に十分な注意を払わなければ産卵・再生産につながっていかないこと, また, 解禁直後の 10 月に大きく間引き, その後のトラフグの体重増加および年末に向かっての魚価の上昇を取り込んでいないことが課題である.

　太平洋中区のトラフグの資源管理については, これらの延縄漁業そのものに含まれる問題, あるいは小型底曳網漁業, 旋網漁業を含めた 3 つの漁業の資源へのかかわり方などを考えながら, 種苗放流や小型魚の保護など具体的な資源の管理方策を実施していくことが大切であろう.

文　献

1) 船越茂雄：水産海洋研究, **54**, 322-323 (1990).
2) 花渕信夫：西海区ブロック浅海開発会議魚類研究会報, (3), 83-90 (1985).
3) 神谷直明・河合　博：平成 6 年度三重県水技セ事報, 1995, 9-15.
4) 神谷直明・辻ケ堂　諦・岡田一宏：栽培技研, **20**, 109-115 (1992).
5) 山口県・福岡県：昭和 60 年放流技術開発事業報告書, 91pp. (1986).
6) 愛知県：平成 7 年度資源管理型漁業推進総合対策事業報告書, 65pp, (1996).
7) 藤田矢郎：日本近海のフグ類, (社) 日本水産資源保護協会, 1988, 128pp.
8) 中島博司：水産海洋研究, **55**, 246-251 (1991).
9) 安井　港・濱田貴史：静岡水試研報, (31), 1996, 1-6.
10) 水産庁・日本栽培漁業協会：栽培漁業種苗生産, 入手・放流実績, 昭和 62〜平成 6 年年報 (1989〜1995).
11) 山口県・長崎県・福岡県：トラフグ放流技術開発事業総括報告書, 43pp. (1991).
12) 静岡県：平成 7 年度静岡県資源管理型漁業推進総合対策事業報告書, 68pp. (1996).

VI. 放流技術と資源管理

8. 種苗生産技術の現状

岩 本 明 雄*・藤 本　宏*

　トラフグの飼育技術に関する研究は昭和 32 年頃より始まったが，昭和 39 年以降本格的な種苗生産技術開発が山口県水産種苗センター並びに日本栽培漁業協会をはじめとして神奈川県水産試験場，岡山県の民間および福井県水産試験場などで開始された．また，昭和 48 年に人工種苗を用いた養殖の道が開かれ，昭和 49 年以降静岡県以西の日本各地で養殖用を中心とした種苗生産が活発に始められた．栽培漁業を目的とした放流は昭和 40 年に山口県によって周防灘

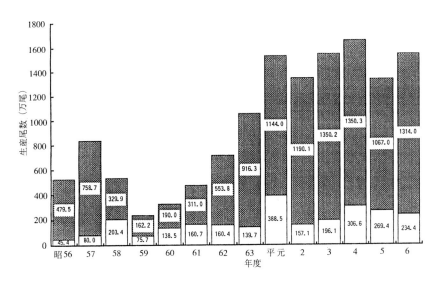

図 8·1　全国のトラフグ種苗生産尾数の推移 [1]
□，放流用；■，養殖用

* （社）日本栽培漁業協会屋島事業場

で始められ，その後の栽培漁業の高まりとともに放流量も増え，それに伴って生産機関・生産数量も増加してきた[1, 2].

ここでは，その種苗生産技術の現状を述べる.

§1. 全国の種苗生産の現状

全国の種苗生産の推移を図 8·1 に示した. 生産尾数は，昭和 63 年度に放流用と養殖用を合せわて 1,000 万尾に達し，平成元年度以降毎年およそ 1,350～1,650 万尾の水準で推移している. その中でも養殖用種苗の生産量が急増し，平成元年度以降 1,000 万尾以上が養殖用として生産されている.

平成 6 年度の県別種苗生産尾数を表 8·1 に示した. 放流用種苗は 8 県 13 機関で 234.4 万尾（全長 12～130 mm），養殖用種苗は 13 県 17 機関で計 1,314.0 万尾（15～180 mm）がそれぞれ生産され，全生産尾数の 85％が養殖用種苗で占められている. 県別では長崎県，愛媛県，熊本県の生産尾数が多く，特に長崎県が放流，養殖用合わせた全体の 37％を占めている[3].

表8·1 平成6年度県別トラフグ生産尾数

県名	放流用 （万尾）	養殖用 （万尾）	割合 （％）
福 井		1.5	0.1
愛 知	9.5	5.0	0.9
三 重	17.7	18.0	2.3
和歌山		110.1	7.1
広 島	2.0	5.9	0.5
山 口	25.6	32.0	3.7
香 川	56.2*	38.0	6.1
愛 媛		285.7	18.5
福 岡	8.6		0.6
佐 賀		6.0	0.4
長 崎	110.8	455.3	36.6
熊 本		207.1	13.4
宮 崎		44.2	2.9
鹿児島	4.0	105.2	7.1
計	234.4	1314.0	100.0

* 日栽協　屋島事業場生産分を含む

§2. 種苗生産技術

2·1　親魚と採卵

1）天然親魚　　採卵に使用する親魚は，これまで各機関とも漁獲直後の成熟した天然親魚に依存してきた. 日本近海でのトラフグの産卵場は，現在 12 カ所程度が知られているが[4]，その中で採卵用の親魚が供給されているのは鹿児島県長島，熊本県天草諸島，長崎県島原半島，下関市彦島，尾道市周辺[5]および岡山県下津井，香川県高松市[6]などである. 親魚の漁法はひっかけ釣り，吾智網，巻き網，定置網，小型底曳網，込瀬網などがあり，産卵期は南が早く

北が遅く，3 月中旬〜5 月中下旬にわたる．産卵期に漁獲されるトラフグの雌
雄の比は漁法にもよるが雄が極めて高く，しかも雌の大半は腹部の硬い未成熟
魚もしくは産卵の終了した個体で，排卵直前の親魚は非常に少ない[1]．

　そこで，まだ完全に成熟してない腹部の硬い未成熟魚の利用方法として，平
成 3 年頃に長崎県[7] および日本栽培漁業協会[8] では，これら成熟前の天然親魚
にホルモン処理することによって採卵させることに成功した．長崎県増養殖研
究所ではHCG500 IU/kg とシロザケの脳下垂体 7 mg/kg の注射により，水温
15〜18℃で95〜109 時間後に 11 尾中 5 尾から採卵できた[7]．これら技術はそ
の後急速に民間に普及したが，ホルモン処理による採卵の確率，人工受精，
孵化率を高めるために必要な外傷が少なく大きい卵径をもつ親魚の確保が難し
いことから，安定した採卵技術には至ってない．

　2）養成親魚　　このように，これまでは産卵期に漁獲された天然親魚に依
存していたが，近年天然親魚の漁獲が減少し，採卵用の親魚の確保が極めて難
しく計画的な安定採卵ができないことや養殖用として早期採卵の需要の高まり
もあり，天然魚あるいは人工種苗由来の未成魚などを周年養成して親魚として
仕立て，ホルモン剤を利用して採卵する技術が確立されつつある．

　養成場所としては海上の小割網を用いる機関もあるが，適正養成水温の維持
および疾病防除対策の面からは冷却・加温設備の整った陸上水槽で養成する方
が都合がよい[9]．特に高水温期では水温上昇が直接のへい死要因でないにしろ，
ヘテロボツリウムをはじめとする疾病発生の起因となることからその対策は重
要である．ヘテロボツリウムはその卵が長い糸状になって産み出され，水槽内の
突起物や小割網の網地に絡まった卵が主な感染源になる．このため，これら付着
卵を除去することが防除対策として効果が期待できるが，現在のところ鰓の幼
虫や鰓腔壁の成虫を魚体に安全な濃度で駆除できる薬剤は開発されてない[10]．

　成熟年齢に達した天然親魚については，収容後の餌付けあるいは漁獲時の傷
害などで養成が難しい．このため，天然魚を親魚として仕立てる場合，当歳あ
るいは 1 歳の未成魚から養成を行う方法が一般的である．人工種苗由来ないし
は養殖魚については 2〜3 歳魚でも養成は比較的容易である．しかし，種苗生
産に用いる親魚は野生集団に及ぼす遺伝的影響を少なくするため，放流海域の
天然魚から育成することを心掛けるべきであろう．

　養殖用の採卵に取り組んでいる機関では，水温，電照制御とともに LHRH-コレステロールペレットあるいは HCG などのホルモンを利用して採卵の早期化を目指している．ホルモン処理のタイミングはカニュレーションによる卵巣卵の卵径測定あるいは腹部の外観観察から判断される．近畿大学では水温，日長時間のコントロールおよび 1 月末からのホルモン処理により平成 6 年 2～3 月に [11]，また，（株）マリン・テクノロジー研究所でも同様な手法により平成 7 年 12 月下旬から 8 年 1 月中旬と平成 8 年 2 月下旬から 3 月中旬にかけて早期の採卵に成功している（私信）．放流用についても養成親魚のホルモン処理による採卵を行う機関が増えつつある [12, 13]．一方，ホルモン処理は親魚に与えるストレスから卵のウイルス汚染のおそれが指摘され，ホルモンを使用しない外部環境要因のコントロールで成熟促進を図る機関もみられる [9]．

2・2　採卵と孵化

　1）**体重と採卵数**　　日栽協屋島事業場での天然親魚の大きさと採卵量の関係を図 8・2 に示した．卵は粘性沈着卵であることから漁獲直後の天然親魚を利

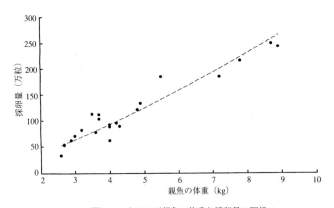

図 8・2　トラフグ親魚の体重と採卵量の関係 [2]

用する際は勿論，養成親魚についても自然産卵の形はとらず搾出法による湿導法 [1] あるいは乾導法 [2] での人工受精が一般的である．このため，搾出時に卵が卵巣内に残ることと，未受精卵があることで体重と採卵量の関係にはばらつきがあるが，おおよそ体重 3～4 kg の親魚から 50～100 万粒，8 kg では 200 万粒の卵が得られる．

　天然魚の採卵については，漁獲時に自然に卵が流れ出ている状態の個体を使用することが望ましい．腹部を強く圧迫しなければ採卵できないような状態では受精率・孵化率が著しく低下する．これについてはホルモン処理した場合も

表8・2　各機関のトラフグ親魚からの採卵例

機関名	年度	区分	由来	体重(kg)	全長(cm)	ホルモン処理	処理月日	採卵月日	採卵数(万粒)	受精率(%)	孵化率(%)
山口県内海水産試験場[1]	平成5	1	天然			+	H.5.4.20	4.24	259.0		43.7
福岡県栽培漁業公社[1]	平成5	1	天然			−		H.5.4.21	120.0	94.0	83.3
		2	天然			−		5.04	60.0	90.1	3.3
長崎県島原分場[1]	平成5	1	養成	9.3	67.0	+	H.5.3.18	3.30	−		
		2	養成	4.0	59.5	+	3.18	3.26	−		
		3	養成	7.1	62.5	+	4.05	4.09	131.6	90.0	30.8
		4	養成	10.8	72.5	+	4.07	4.09	−		
		5	養成	7.3	66.0	+	4.07	4.11	−		
		6	養成	7.0	61.0	+	4.07	4.12	−	24.4	0
		7	養成	6.3	57.5	+	4.18	4.24			
		8	養成	3.1	51.8	+	4.18	4.25	40.5	94.4	54.6
		9	天然	3.6	54.5	−		4.20	70.3	90.0	61.6
		10	天然	9.6	69.5	−		4.21	176.9	93.1	60.2
日栽協屋島事業場[2]	平成5	1	天然	2.6	44.0*	−	H.5.4.25		32.8	11.5	0
		2	天然	8.9	57.5*	−		4.28	241.9	69.0	69.0
		3	天然	7.8	60.0*	−		5.04	214.4	94.1	47.5
		4	天然	5.0	53.0*	−		5.04	53.6	88.1	31.8
		5	天然	4.0	51.0*	−		5.04	87.1	76.7	1.5
		6	天然	2.9	41.8*	+	H.5.4.26	4.28	51.7	0	0
		7	天然	2.3	42.0*	+	4.27	4.29	77.1	98.5	77.7
		8	天然	3.0	43.2*	+	4.28	4.30	11.0	0	0
		9	天然	4.8	48.5*	+	5.01	5.03	109.9	82.1	81.6
		10	天然	4.2	43.5*	+	5.02	5.04	99.2	94.9	48.2
		11	天然	7.2	56.0*	+	5.03	5.04	184.2	78.2	

＊：体長　　　　　　　　　　　（1：平成5年度放流技術開発事業報告書トラフグ　より）
　　　　　　　　　　　　　　　（2：平成5年度日本栽培漁業協会事業年報より）

同様で，長崎県増養殖研究所でも打注後取り揚げた刺激で卵が流れ出す状態まで待って採卵することが良質卵の確保には重要であると指摘している[7]．各機関の養成あるいは天然親魚からの採卵例を表8・2に示す．なお，養成魚につい

ては採卵後に死亡する事例が多いことから，魚体の負担を軽減するため麻酔を使用することもあるが，採卵に無理をしないことも必要である．

2) **孵化管理**　受精直後の卵は軟らかく脆いため，何回か海水を入れ替えて精子を洗い流した後に卵の粘着物層が硬化するまで 1～2 時間静置する．受精卵は粘性沈着卵で乳白色を呈しており，卵径は 1.1 ～1.4 mm で，受精卵は不透明なため発生状況を観察するには次亜塩素酸ナトリウム溶液で卵膜の外皮を解かして見やすくする必要がある [15]．卵管理はアルテミア孵化器などを使用し，容量 1 m³ 当たり約 1～2 kg 程度（卵 1 kg 当たりの卵数は約 60～70 万粒である [16]）の受精卵を収容し，通気を行いながら 10～20 回転／日の流水とする．孵化には水温 16～19℃でおおむね 9～12 日を要するが，孵化は数日にわたる場合が多い．日栽協屋島事業場では孵化管理途中に未受精卵および死卵の除去ができないことから，孵化後一旦 0.5 m³ 程度の円型水槽に収容して死卵を除去した後，海水とともに孵化仔魚を飼育水槽に収容する [2]．なお，表 8·2 の採卵例の受精率・孵化率のばらつきがあるのは，上述したように採卵時の親魚の成熟状況が大きく影響しているものと思われる．

2·3　稚仔魚期の飼育

1) **飼育方法**　ここでは仔稚魚期の飼育とは全長 20～30 mm までの飼育を，また，配合飼料単独で育成できるこの大きさから養殖用販売あるいは放流用出荷までの飼育を中間育成と呼称することとする．飼育方法には，全長 10～20 mm に成長した段階で一度取り揚げ，海上施設などに移して配合飼料に餌付ける方法もあり，このうち前者を一次飼育，後者を二次飼育と分けている機関もあるが，二次飼育以降を中間育成とする機関もあり，はっきりとした区別はされてない．

飼育水槽は各機関とも 20～100 m³ 規模のコンクリート水槽ないしはキャンバス水槽を使用しており，孵化仔魚を低密度で収容し取り揚げまで一貫飼育を行う機関と 10,000 尾／m³ 以上の高密度で収容し，生残尾数を考慮しながら分槽方式で飼育を行っている機関がある．全長 20～30 mm サイズ以降は，陸上水槽あるいは海上施設で中間育成されるが，養殖用種苗では全長 50 mm，放流用種苗では全長 100 mm 前後まで育成を行う．

孵化仔魚の収容密度はおおむね 5,000～20,000 尾／m³ の範囲であるが，噛

み合いを避けるため成長に伴って飼育密度を調整する必要がある．飼育密度は，陸上水槽では全長 10〜20 mm で4,000〜6,000 尾／m³，20〜30 mm で 2,000〜3,000 尾／m³，海上の小割網では 30 mm で 1,000 尾／m³，40 mm 以上で500 〜700 尾／m³ 以下が適当であろう．図 8·3 に主に放流用種苗生産を行っている機関の平成4〜6 年度における生産サイズと単位生産量の関係を示した.

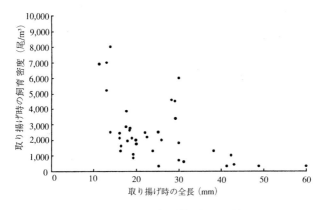

図8·3　生産サイズと単位生産量の関係 [3, 17]

　飼育水温は 15〜25℃の範囲内であるが，特に陸上水槽では孵化水温から徐々に昇温し 20℃前後に設定して飼育を行っている．飼育水の管理には飼育開始時から 20〜30 日齢までナンノクロロプシスなどの植物プランクトンを添加し水質安定並びに飼育中のシオミズツボワムシの飢餓対策としている．換水は0.5〜5.0 回転／日程度とし，成長に伴って徐々に増加させている.

　2）餌料　　各機関のトラフグの仔稚魚期の餌料系列を図 8·4 に示す．昭和32 年に種苗生産が開始されて以来，各種の餌料が試みられてきたが，現在は生物餌料の栄養強化方法の向上あるいは配合飼料の物性的・質的改善で，シオミズツボワムシ→アルテミア幼生→配合飼料と簡素化されている．一方，成長，生残率の向上並びに形態異常防除のため,生物餌料の栄養強化は不可欠なものとなっている．栄養強化方法は各機関によって異なっており，トラフグの栄養要求も解明されてないことから，他の魚種の栄養強化方法に準じて行われているようである.

　ワムシは開口直後から 30〜40 日齢頃まで，アルテミアは 15 日齢頃から 40

日齢頃まで給餌する．配合飼料は各機関によって給餌開始時期が異なり，配合
飼料の早期餌付けへ向けた試みがなされている．配合飼料の早期使用は成長，

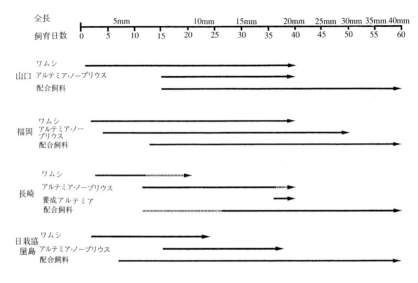

図8・4　各機関でのトラフグの飼料系列 [2, 18, 19]

生残率の向上あるいは省力化，省コスト化につながる極めて重要な要素である
が，反面うまく餌付かないと水質悪化を引き起こし仔稚魚に悪影響を及ぼすお
それがあり，その使用方法には留意する必要がある．

　3）成長と生残　　成長は水温，餌料種類，給餌量，飼育密度など飼育管理
により異なるが，一般的に水温 19～20℃で，全長 3 mm の孵化仔魚は 10 日齢
で全長 4～5 mm，20 日齢で 8～11 mm，30 日齢で 15～19 mm，40 日齢で
20 mm，50 日齢で 30 mm に達する．日栽協屋島事業場での平成 7 年度の成長
を図8・5 に示す [2]．配合飼料に餌付いた以降は急速に成長が早まる．

　本種の孵化仔魚の卵黄には小油球が多数存在し，水温 20℃の無給餌の飼育下
でも 10 日間以上生存する．したがって全長 3～4 mm サイズまでほとんど減耗
がない．全長 6 mm 頃（12～15 日齢）になると歯がくちばし状の癒合歯とな
り，成長差による噛み合いが原因と思われる大量減耗が生じる事例も多く，飼
育密度，給餌量などに留意する必要がある．これら成長差による噛み合いでの

減耗は，3〜4日間で小型魚が減耗することで収まり，大小差もなくなってくる．平成 4 〜6 年度の各機関における生産サイズと生残率の関係を図 8·6 に示した．仔稚魚期での生残率はおおむね20〜50％が一般的な数値である．

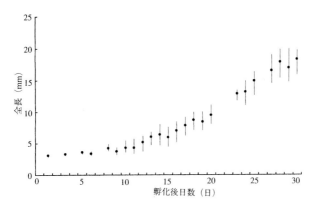

図 8·5　陸上飼育におけるトラフグの成長 [2]

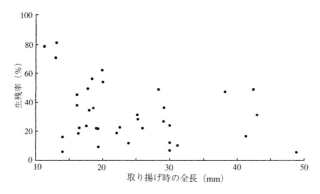

図 8·6　生産サイズと生残率の関係 [13, 17, 19]

§3. 中間育成

3·1　育成方法

仔稚魚期の飼育で全長 20〜30 mm サイズで取り揚げられた種苗は，養殖用種苗ないしは放流用種苗として利用目的に応じた大きさまで中間育成される．

養殖用種苗としては約 40〜50 mm，放流用種苗としては放流方法によって異なるが，約 50〜100 mm サイズまで育成される.

　飼育施設については陸上水槽または海上施設あるいは両者併用で中間育成を行っている．育成密度は陸上施設か海上施設かで異なるが，陸上施設では全長 20〜30 mm で 2,000〜3,000 尾／m³，40〜70 mm で 500〜1,000 尾／m³，70 mm 以上では 400尾／m³ 以下が適当であろう．海上の小割網では 30 mm で 1,000 尾／m³，40〜70 mm で 100〜400 尾／m³，70 mm 以上では 100 尾／m³ 以下での飼育例が多い．各機関の平成 5〜7 年度の中間育成時における生産サイズと単位生産量の関係を図 8・7 に示した．本種の特性である噛み合いを避け

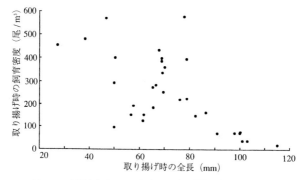

図 8・7　中間育成時おける生産サイズと単位生産量の関係 [14, 18〜19]

るため，中間育成でも飼育密度を低く抑えており，その密度はヒラメなどに比較すると著しく低いものとなっている．高密度あるいはストレスの多い飼育を行った場合，噛み合いによる直接の減耗の他，尾鰭変形魚の増加あるいは噛み傷から滑走細菌症，ビブリオ症などの発生の危険性が高まるので注意する必要がある.

3・2　餌料と給餌

　餌料として，配合飼料，モイストペレットおよび生餌のイカ，イカナゴ，アミなどを使用している．先に述べたようにトラフグの特性ともいえる噛み合いは，大小差の他にも空腹が誘因の一つであることから，その防止対策として多回数の給餌が心掛けられている．給餌回数は成長に伴って少なくなるが 3〜10 回／日程度である.

3・3　成長と生残率

平成 6 年度の日栽協屋島事業場での海上育成時の成長を図 8・8 に示した [2].
各機関の事例でも水温によって成長は異なるが，全長 30 mm 種苗は 20〜30
日の飼育で約 50 mm，50〜60 日の飼育で約 100 mm に達する．

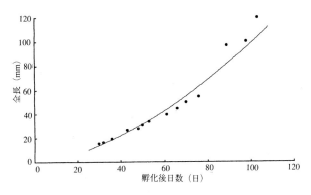

図 8・8　海上育成におけるトラフグの成長 [2]

生残率は各機関によって異なるが，100 mm までの育成ではおおむね 50〜
80％の間にある．

§4.　疾病と予防

本種の疾病は細菌性およびウイルス性疾病と寄生虫性疾病がある．細菌性疾
病では滑走細菌症，ビブリオ病，連鎖球菌症，ウイルス性疾病ではウイルス性
神経壊死症（VNN），口白症があり，寄生虫疾病では白点虫，ギロダクチルス，
ヘテロボツリウム，カリグスの寄生による疾病が知られている．

種苗生産時の細菌性疾病では滑走細菌症やビブリオ病が普通にみられるが，
この発生要因として中間育成時の噛み合いに起因する場合が多い．防除のため
の飼育技術としては成長較差の防止，飼育密度の低下，飼育時のストレス防止，
給餌量の適正化など飼育方法の改善があげられるが，治療法として OTC，スル
ファモノメトキシンなどの薬剤の経口投与がある．これらの細菌性疾病につい
ては，短期間での大量減耗は少ないものの，対応が遅れるとへい死が継続しそ
の累積へい死率は無視できないものになる場合がある．また，本疾病は尾鰭変

形魚の発生要因となり注意が必要である．ウイルス性疾病については種苗期では ウイルス性神経壊死症が発生例はごく僅かであるが知られている [17]．口白症については種苗期での発生例は少ない．いずれにしてもウイルス性疾病はこれといった有効な対策がないことから，一旦発生すると壊滅的な被害を及ぼすおそれがある．

寄生虫性疾病では，種苗生産期には白点虫，ギロダクチルス，カリグスの寄生が一般的にみられ，海上施設での育成時に問題になることが多い．これらは一度に被害を及ぼすことは少ないものの，ヘテロボツリウムなど結果的には育成魚，あるいは養成親魚に至るまでの間に大きな被害を及ぼすこともあることから注意が必要である．

§5. 尾鰭変形魚

尾鰭変形魚はそのほとんどが中間育成時の噛み合いによる．幼魚期での欠損は成魚になるにしたがい回復するがちぢれなどの痕跡と欠損は少し残るとの報告がある [18]．尾鰭変形魚は，ALC や TC 標識の使用以前は各機関とも長期間にわたる標識として放流魚の追跡調査に使用してきた．また，山口県の下関唐戸魚市場株式会社では尾鰭変形魚の水揚げが増加したことから尾鰭変形魚については「放流」という銘柄までできた．一方，放流試験の結果では混獲率から推定した尾鰭欠損魚の回収率は正常魚に比較して 1/3 ということであった．この理由として尾鰭欠損魚の育成が種苗性を反映したとしており，尾鰭欠損魚の出現は正常な育成ができてないことが推察され，放流後の生残に少なからぬ影響を与えることが懸念される．また，尾鰭変形魚あるいは欠損魚の水揚げ単価は正常魚に比べて安価である [13]．このため，尾鰭変形魚については，長期間追跡可能な適当な外部標識が見当たらない現在，標識として利用されているものの各機関ともその出現防除に取り組んでいる．出現防除対策として，噛み合いを防止するための成長較差および飼育密度の低減など飼育方法の改善が必要である．

文　献

1）藤田矢郎：日本近海のフグ類．（社）日本水　　　産資源保護協会，1988, pp.50-111.

2 ） 藤本　宏：さいばい, (79), 19-25 (1996).

3 ） 水産庁・日本栽培漁業協会：昭和 56～平成 6 年度栽培漁業種苗生産入手・放流実績 (全国), (1983～1996).

4 ） 藤田矢郎：さいばい, **79**, 15-18 (1996).

5 ） 立石　健：昭和 60 年度放流技術開発事業報告書トラフグ, 56-64 (1986).

6 ） (社) 日本栽培漁業協会：平成 4 年度日本栽培漁業協会事業年報, 63-65 (1994).

7 ） 宮木康夫ら：水産増殖, **40**, 439-442 (1992).

8 ） (社) 日本栽培漁業協会：平成 3 年度日本栽培漁業協会事業年報, 61-63 (1993).

9 ） 松野　進ら：栽培技研, **24**, 19-25 (1995).

10） 小川和夫：平成 6 年度第 2 回日本水産学会水産増殖懇話会講演要旨 (1994).

11） 村田　修ら：平成 6 年度日本水産学会秋季大会講演要旨, 531 (1994).

12） 長尾成人・大沢　弘：栽培技研, **23** (1), 31-35 (1994).

13） 長崎県・山口県・福岡県：平成 5 年度放流技術開発事業報告書トラフグ, 1994, 1-22.

14） (社) 日本栽培漁業協会：平成 6 年度日本栽培漁業協会事業年報, 177-181 (1996).

15） 道津喜衛：水産増殖, **34**, 81-82 (1986).

16） 立石　健：養殖, **17**, 64-71 (1980).

17） (社) 日本栽培漁業協会：平成 5 年度日本栽培漁業協会事業年報, 204-205 (1995).

18） 山口県・福岡県・長崎県：平成 5 年度放流技術開発事業報告書トラフグ, 1994, 山口 6, 10, 25, 福岡 9, 長崎 9-10 (1994).

19） 山口県・福岡県・長崎県：平成 6 年度放流技術開発事業報告書トラフグ, 山口 6, 福岡 1-12, 長崎 8, 9 (1995).

9. 放流技術開発

内 田 秀 和 *

　放流技術開発では，育成した種苗を天然資源に効率よく添加するための放流手法，および放流効果を明らかにすることが主要な研究課題である．その手段としてトラフグでも他魚種と同様に標識放流試験が行われている．ここでは主に福岡県水産海洋技術センターで実施した標識放流結果に基づき放流適地，サイズなど放流手法の開発や市場調査などによる放流効果について得られた知見を述べる．

§1. 放流手法

1・1　放流適地，放流サイズ

　トラフグの種苗放流は昭和 40 年頃から始まり，現在では研究機関，漁協，延縄協議会などにより主として九州沿岸，瀬戸内海および遠州灘などの内湾浅海域で実施され，平成 6 年には全国 17 県で 172 万尾に達した[1]．その一部の約 25 万尾は有明海，福岡湾，仙崎湾（山口県），瀬戸内海（備讃瀬戸）および遠州灘などにおいて，研究機関が追跡調査を目的として標識放流したものである．

　福岡県水産海洋技術センターでは，筑前海を対象として天然幼稚魚が分布する福岡湾[2]と唐津湾の各 2 か所のほか，外海域として福岡と北九州の中間に位置する鐘崎 1 か所の合計 5 か所で，アンカータグによる幼魚の標識放流を実施した[3]．放流魚の平均全長は 130 mm，放流尾数は 2.2 万尾であった．その結果，放流魚は福岡湾内では放流後 4 か月間の 12 月までは湾内で操業する小型底曳網漁業により漁獲されたが，湾外への逸散が認められなかった（図 9・1）．翌年の 1 月から 3 月までは小型底曳網漁業の禁漁期間のため，湾内での再捕が極端に少なくなり，放流魚の分布は不明であるが，1 歳に成長した 4 月以降には尾数は少ないが湾内外で標識魚が再捕された．一方，鐘崎地先で放流した群は，瀬戸内海（周防灘），響灘，関門，遠賀川河口，鐘崎周辺などの鐘崎以東

* 福岡県水産海洋技術センター

のほかに，西側の福岡湾内およびその周辺でも再捕され，放流直後から広範囲
に移動したことが明らかになった．また，唐津湾での放流結果[3]では湾外への
逸散が比較的少なく，大部分が湾内で再捕された．以上の放流結果から，幼魚
の放流場所としては天然魚が分布するとともに，放流直後の逸散が少ない内湾
域が優れていると考えた．

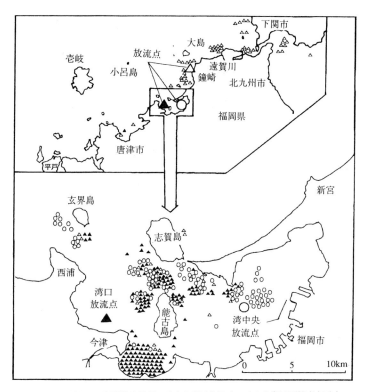

図9·1　筑前海での標識放流結果　大きな印は放流点，小さな印は再捕点を示す

そこで福岡湾では 1992〜94 年に放流魚が分布する 4 か月間について，9 群
の ALC 標識放流を実施し，放流手法を検討した[4〜6]．各群は湾内での場所やサ
イズなどの条件を変えたが，平均全長が 49〜99 mm，尾数が 0.3〜2.4 万尾で，
7 月中旬から 8 月下旬に福岡湾内 3 か所（湾口，湾中央，湾奥）のうちのいず
れか 1 か所で放流した．追跡調査は湾口域で操業する約 100 隻の小型底曳網漁
船のうち，福岡市内のある単協に所属する 22 隻を対象に，週 1 回程度の頻度

で漁獲物を全数買い上げ，耳石標識により天然魚と各放流群を識別して行った．
買い上げ尾数は各年 485～2,750 尾で，3 年間で合計約 4,000 尾に達した．各
群の生残状況は放流魚 1 万尾当たりの CPUE（小型底曳網 1 日 1 隻当たりの漁
獲尾数）を指標として比較した．その結果，CPUE は放流後 2 か月間は停滞な
いし減少したがその後大幅に増加する例や，93 年のように常に低水準で推移す
る場合もあった．そこで放流手法の検討は各年ごとに放流群別の CPUE の平均
値を用いて行った．このような方法により 92 年には湾内 3 か所で放流適地を
比較したが，湾中央は CPUE が最も高くて生き残りがよい適地と考えられた．
そこで 93 年には湾中央で 2 つのサイズで放流し適正サイズを検討した．その
結果，99 mm 群は 73 mm 群と比べて生残率が 9 倍高いことが明らかになった
（図 9・2）．73 mm 群は一部を放流せずに持ち帰って無給餌飼育を行い，3 日後

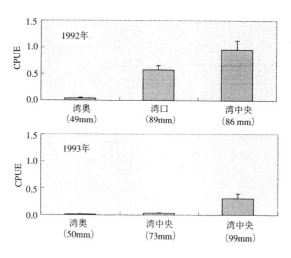

図 9・2　放流群別の CPUE．（　）は全長

で 95％と高い生残率を示した．7 日後にはかみ合いの影響が出て 83％に減少
したが，放流直後の大量へい死はなかったと推察される [5]．また，92，93 年
について天然幼稚魚が分布する湾奥 [2] で 50 mm 群を放流したが，73 mm 群と
同様に放流後のへい死は小さかったが，ほとんど再捕されなかった [4, 5]．放流
手法については放流サイズと放流場所を変え，それ以外の条件を一定として
CPUE の値により検討した．しかし種苗の放流前の飼育条件，特に飼育密度は

必ずしも一定条件にできなかった．そこで，放流後の生き残りに対する飼育密度の影響を明らかにするため，94 年に湾中央で 81～94 mm の 4 群を用いて比較した．全長が最大の 94 mm 群は飼育開始密度を下げ（50 尾／t），かみ合いを少なくして飼育し，最も高い生き残りを示した．一方，最小の 81 mm 群は密度を最も上げたが（201 尾／t），CPUE では 88 mm 群（78 尾／t）や 83 mm 群（109 尾／t）より大きく，94 mm 群に次いで高かった．これらの結果から放流魚の生残りは 80 mm 以上では 50～200 尾／t の飼育密度で影響を受けず，むしろ放流サイズを 90 mm 台に大型化すれば，3 割程度高くなると考えられた．以上より放流サイズは全長 80 mm 以上，放流場所は福岡湾中央部が適当であることが判明した．なお飼育条件などが生き残りに及ぼす影響については，今後健苗性の点から検討されなければならない．

1・2　放流魚の成長と環境への馴化

福岡湾で 1991～94 年に放流した幼魚は，放流後約 4 か月間（9～12 月）の追跡調査で湾内において同時期に漁獲された天然魚と比較すると，全長，体長，体重および肥満度が 5％の危険率で有意に小さかった．放流魚は中間育成中のかみ合いにより尾鰭が欠損する個体もいるので，天然魚と体長で比較すると，年により異なるが 91 年には 10～30 mm 程度の差が常に認められた[7]（図 9・3）．

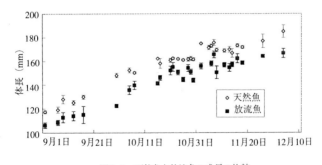

図 9・3　天然魚と放流魚の成長の比較

しかし，日間成長量はともに 0.7 mm（0.69～0.72 mm）でほぼ等しい．月別には 9 月までは 0.9 mm を越えて成長するが，10 月以降は 0.5 mm に減少する．天然魚と放流魚の成長差は，有明海や仙崎湾でも毎年確認されており，採卵時期や種苗生産の遅れによる成長の違いが影響したものと思われる．追跡を

行った 4 か月の期間内で放流魚は天然魚と同様に順調に成長しているので，この期間内で環境への馴化をほぼ終えたものと考えられる．

§2. 適正放流尾数

成育場としては規模が小さな福岡湾では，1992〜94 年に各年 2〜3 万尾の幼魚を放流したが，その混獲率は 3.2〜88％であった [4~6]．また，比較的広い成育場をもつ有明海でも，94 年には約 10 万尾の放流に対して，混獲率が 56％であった [8]．幼魚の現存量は天然魚の加入量の変動にかなり影響される．しかし一方で放流尾数が近年大幅に増大したため，その混獲率が増加したと考えられる．今後さらに放流尾数が増えれば，成長や生き残りを悪化させないように各海域の環境収容力を想定し，尾数をある程度制限する必要がでてくる．そのためには海域ごとに天然魚の加入量の変動を把握しながら放流魚を含めた幼魚全体の現存量を推定し，適正放流尾数を求めなければならない．

福岡湾の幼魚の現存量は，標識放流魚が天然魚に十分混じり合った後に，放流尾数とその混獲率から次式により推定できる [9]．

$$N_0 = S / (\Sigma m_i / \Sigma n_i)$$

N_0 ：現存量（初期資源尾数）

S ：標識放流尾数

m_i ：i 回目の標識放流魚の再捕尾数

n_i ：i 回目の漁獲尾数

調査期間中の個々の混獲率（m_i / n_i）でも現存量 N_0 の推定が可能であるが，よりよい推定値が得られるように重み付き平均（$\Sigma m_i / \Sigma n_i$）を用いた．標識放流魚は天然魚と全く同じ行動をとり，捕獲のされやすさに差がなく，資源全体をよく代表していることが必要である．放流魚は天然魚の現存尾数に匹敵する尾数であるために資源とよく混合しており，湾外への逸散や標識の脱落もなく，また 80 mm 以上の群では放流後の短期的な死亡もないと考えられる．このことから標識放流の前提をほぼ満たしていると思われる．

そこでこの関係式に必要な湾内の放流魚の混獲率と放流尾数の推移を 1990〜95 年の 6 年間で明らかにした．放流尾数は生残率が高い 80 mm 以上の群の尾数を用いたが，0.5〜3.3 万尾であった．混獲率は放流尾数の変動とほぼ一致

し，3～88％で推移している．80 mm 以上のサイズの場合には放流直後の減耗はごく少ないと考えられるので，放流尾数は放流して最大で約半月程度経過した 9 月初めの現存量とみなすことができる．その結果，放流魚も含めた全幼魚の現存量は 9 月始めの値として推定され，概ね 2.0～15.1 万尾で，大きく変動している（図 9·4）．このうち天然魚の尾数は 0.2～14.6 万尾であった．福岡湾での推定現存量が過去6年間で最高の 15 万尾に達した 93 年には，有明海でも同様に 1991～94 年で最高の漁獲量となった[8]．水温などの環境要因の影響は考慮していないが，天然魚の成長は 0.87～1.10 mm／日（全長）の幅が認められものの，現存量の多かった 93 年で特に悪くなることはなかった．また，放流魚の生残率の指標となる 1 万尾当たりの CPUE は，93 年でやや小さかったが，現存量の変動との関係はみられなかった．したがって福岡湾の環境収容力は，現状の 3 万尾程度での放流尾数ではかなり余裕があり，天然魚を含めて 15 万尾程度の現存量を越えた場合に注意を要すると考えられる．適正放流尾数を決めるために，今後も天然魚の加入量の変動を把握する必要がある．

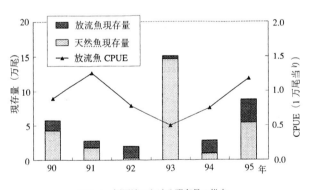

図9·4　福岡湾における現存量の推定

§3．放流魚の移動分布

　全長 15 cm 未満の幼魚の標識放流では，放流後の 2～3 か月間に再捕が集中し，長期間の追跡が困難である．そこで 20 cm を越える幼～未成魚を放流し，移動分布生態を明らかにした．放流は 1984～90 年の 8 回にわたり，0～2 歳魚合計 3,546 尾に背骨型タグを付け，福岡湾およびその周辺の筑前海沿岸にお

116

いて実施した．8つの放流群ごとに放流した年齢，時期，場所が異なり，また天然群（3群）と人工的に生産された放流群（5群）に分かれるが，再捕結果には放流条件による分布の顕著な違いが認められなかった．そこで，全ての群の再捕魚222尾を用いて移動生態を検討した[10]（図9・5）．放流魚は0歳秋～

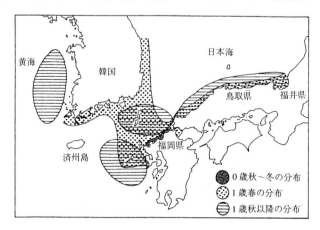

図9・5　筑前海で標識放流した幼～未成魚の移動想定図

冬には福岡湾や唐津湾などの内湾浅海域に分布する．しかし，1歳春（満1歳）には玄界灘沿岸から沖合いにかけての海域を中心に，五島，瀬戸内海（周防灘），日本海沿岸（主として若狭湾以西），韓国南・東岸および黄海にまで分布域を拡大する．1歳秋以降には玄界灘沿岸から他海域への移動がすすみ，延縄漁業により主として玄界灘沖合い，五島および日本海西部沿岸で漁獲される．2歳春～秋も同様の分布を示すが，再捕が少なくなる．この時期以降の回遊については3歳以上の成魚の標識放流により，玄界灘，五島，黄海および日本海で明らかにされている．以上のように筑前海で放流した種苗は，広範囲に移動し各水域で漁獲されるが，1歳魚以降にはその大部分が山口県の下関唐戸魚市場（株）（以後唐戸魚市場）に出荷される．そのため放流効果調査は主として本市場で実施した．

§4．放流効果

4・1　尾鰭の欠損による放流魚の追跡

　平成 6 年の全国の放流尾数 172 万尾のうちの 85％に相当する 146 万尾は，長崎県を中心とする西日本海域（九州，中国，四国）で放流された[1]．1 歳以降では主に西日本のふぐ延縄漁船で漁獲されるが，その大部分が出荷される唐戸魚市場では，漁場によって内海産（瀬戸内海および遠州灘産）と山口，福岡，佐賀，長崎の 4 県の延縄船により黄海～東シナ海～九州沿岸海域で漁獲される外海産の 2 つの銘柄に分けている．唐戸魚市場の総取扱量の約 2/3 を占める外海産トラフグを対象として，放流効果を推定するため，放流魚と考えられる尾鰭欠損魚の尾数を明らかにした．放流時の幼魚は中間育成中のかみ合いにより，大部分の個体で尾鰭が欠損している．放流魚の尾鰭は，放流後の時間の経過に伴い再生するが，鰭条が乱れており通常は正常な尾鰭よりも短い．この尾鰭の欠損を利用すれば，放流魚と天然魚の識別がある程度可能と考えた．

　調査は 1992～94 年について漁獲量が多い 10～3 月に月 1 回の頻度で，その日に水揚げされた量の 8 割以上の尾数（7,000～18,000 尾／年）を対象に行った．唐戸魚市場では水揚げされる放流魚（尾鰭欠損魚）の増加に伴い，91 年から新しく放流魚の銘柄がつくられた．調査は放流銘柄のほかに，欠損魚が多く混じっているスレ銘柄を中心に行った．欠損魚の識別は，尾鰭の外観から欠損の不明瞭な個体は除いて明瞭な個体のみを計数し，混獲率が過大評価にならないようにした．93 年漁期（93 年 10 月から 94 年 3 月）には月 1 回，各月859～1,854 尾を対象に調査を行い，月別の漁獲重量で重み付けすると，欠損魚の混獲率は約 16％であった．

　放流した年内に当歳魚として再捕された欠損魚を対象として，ALC 標識を使って識別した放流魚は，放流魚全体の一部であり，他に正常な尾鰭のため欠損魚から除外される個体がかなりあった．また，誤った識別により欠損魚には天然魚の一部も混在することがわかった．そこで，放流効果として求める放流魚の混獲率は，尾鰭欠損魚の混獲率を補正して求める必要がでてくる．尾鰭欠損による放流魚の識別率は，福岡湾および有明海[8] では ALC 標識で完全に識別できた尾数を 100 とするとそのうちの 10～100％で，未発見個体が最大90％に達した．放流群は放流魚識別率が 60％以上と高く，尾鰭欠損から大部分が放流魚とみなせる群（仮に識別可能群と呼ぶ）と，識別率が 40％以下と低く，外見からは識別できない群（識別不可能群）の 2 つのグループに分かれ

る．主として漁業者が飼育した識別可能群は放流魚識別率が平均80%程度に達
しほぼ放流魚として識別できるが，民間の養殖業者や研究者などが生残率向上
に配慮した飼育管理を行った識別不可能群は，20%程度の低い水準であり，放
流魚として識別が困難である．全国の放流尾数は平成6年で漁業者による育成
の130万尾と養殖業者などからの購入による42万尾の合計172万尾である．
両群の識別率を80%および20%とみなし，放流尾数で重み付けして求めた平
均値は65%と推定された．一方，放流1年半後に筑前海で漁獲された1歳魚
について，同様に欠損による放流魚識別率を求めると標本数178尾（うち放流
魚が17尾）に対し71%で，当歳魚の標本とほぼ近い値が得られた．ただし，
この値は唐戸魚市場での93年漁期（2〜3月）の欠損魚の混獲率25%で補正
して求めた．唐戸魚市場での欠損魚の混獲率は筑前海の標本船調査による1歳
魚の値とほぼ等しい[6]．放流魚を600日余り飼育した結果によると，識別率は
100%で一定であった．このことから，欠損魚の識別率は放流後数か月間で決
まり，約2年は一定していることが判明した．その後の識別率は尾鰭の奇形状
態が回復せず，ほぼ一定と想定される．

　尾鰭欠損による放流魚識別率は65%であり，放流魚の中に尾鰭の正常な個体
が含まれるために必ずしも100%ではなかった．一方，欠損魚には天然魚も誤
って混じっている．同様に行われたALC標識調査によると，天然魚376尾の
うちの約4%（15尾）が欠損魚として識別された．これらの値を用いて(9・1)式
により尾鰭欠損魚の混獲率 R_k（%）を示した．第1項は欠損魚に含まれる放流
魚の混獲率，第2項は誤って欠損魚と識別された天然魚の混獲率を意味するが，
いずれも放流魚の混獲率 R_h（%）を用いて示した．(9・1)式を R_h で解くと(9・2)
式が得られる．

$$R_k = 0.65\,R_h + 0.04 \times (100 - R_h) \qquad (9\cdot1)$$

$$R_h = (R_k - 4) \diagup 0.61 \qquad (9\cdot2)$$

　この(9・2)式に欠損魚の混獲率 R_k 16%を代入すると，放流魚の混獲率 R_h
は19.7%と推定された．(9・1)式の第1項に示した放流魚の識別率（65%）
を仮に±20%増減させて52%および78%とすると，25.0%および16.2%と推
定される．また，(9・2)式で欠損魚と間違えて識別した天然魚の割合を天然魚
全体の4%としたが，同様に±20%増減させて3.2%および4.8%とすれば，

20.7 および 18.6％と推定された．いずれにしても放流魚の混獲率は 15～25％
の範囲にあると思われる．一方，同じ時期に唐戸魚市場で山口県が同様に行っ
た調査では，欠損魚の混獲率は約半分の 8％であった[11]．このような欠損魚の
混獲率における差は，識別での個人差によるものと思われ，山口県では放流魚
の混獲率の過大評価を避けるために，欠損魚の混獲率を低く見積もっている．
この場合の補正方法は明らかにされていないが，放流魚の識別率が65％以下で，
かつ天然魚の欠損魚へ混入が天然魚の 4％以下と予想される．仮にこれらの値
が 50％および 0％とした場合には，放流魚の混獲率は 8％の欠損魚混獲率から
はかなり高い値（16％）に補正され，15～25％の範囲にあることが想定される．
　同様に調査した 1992～94 年の 3 年間の放流魚の混獲率を求め，87～94 年
漁期の外海産トラフグの取扱量と比較した（図 9·6）．1992～94 年には取扱量
が 450 t から 250 t に減少する中で放流魚の混獲率は放流実績が急激に増加し

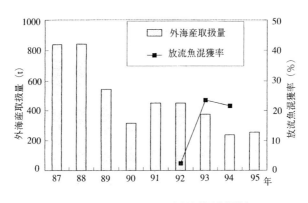

図9·6　外海産トラフグの取扱量と放流魚混獲率

たため 2.0％から 18～20％へと大幅な上昇を示している．欠損魚の全長は漁獲
物全体（全調査魚）と比べてモードで約 3～4 cm（全長の 10％程度）小型で
あり，その最大値も10～20cm小さい[4]．しかし，市場での聞き取りによると，
近年放流魚の中で大型魚の割合が増えてきているという．そこで，放流魚は天
然魚とほぼ同じ体長組成であると仮定すると，93 年には取扱量が74 t，金額で
5 億円に達した．なお，漁獲金額は天然魚の 7 割の単価として推定した．

4·2　ALC 標識による放流魚の追跡

　尾鰭欠損による放流魚の識別は，放流群別には不可能であり，また推定した混獲率が個人差に影響されやすいため，高い精度で求めることもできない．そこで全国では山口，福岡および長崎県だけで使用されている ALC 標識により，3 県の放流魚の混獲率を推定した．用いた標本は 94～95 年の 2～4 月に玄界灘で漁獲された未成魚（大部分は 1 歳魚）178 尾で，その中に ALC 標識魚 17 尾を確認した．標識魚は放流群別に染色リングの数と大きさから識別できるが，今回は特定できない個体が多いため，3 県分を合わせて検討した．また，放流魚の混獲率は標本を尾鰭欠損魚を中心に収集したので，漁獲の実態に合わせ欠損魚と正常魚の尾数割合で重み付けして推定した．その結果，3 県で放流された個体は欠損魚 69 尾に対し 20.3 ％（14 尾）を占め，任意抽出と仮定すれば変動係数 CV は 24 ％であった [12]．また，尾鰭正常魚 109 尾には 2.8 ％（3 尾）混じっており，変動係数 56 ％であった．全漁獲尾数に対する 3 県の放流魚の混獲率は欠損魚の混獲率（2, 3 月では 25 ％）で補正すると求められ，94 年には 6.2 ％，95 年は 8.4 ％と推定された．3 県の ALC 標識魚放流尾数は 19.5 万尾（94 年）で，放流割合は全国の 11.3 ％，西日本海域の 13.3 ％を占めた．一方，調査対象は盛漁期の未成魚に限定したが，成魚を含む欠損魚から推定した外海産放流魚の混獲率 34 ％（93 年 2～4 月）に対し，3 県の漁獲割合はその 18.2～21.8 ％を占め，放流割合を上回った．このことは，ALC 標識魚が他県と比べ 70 mm 以上の大型サイズであるためと推察される．

今後の課題

　放流効果を放流群別に推定する必要がある．そのためには ALC 標識魚の標本数をできれば 1,000 尾以上に増やし，推定した放流魚混獲率の変動係数を下げるとともに，耳石標識から放流元を識別できるように，関係機関で標識方法の調整を行いたい．一方，高額な標本魚の購入によらずに，尾鰭欠損による混獲率の推定も有効であることを既に示した．欠損魚の混獲率は放流時の尾鰭の欠損状態の他に，外見からの判断に対する個人差や魚体の傷み具合にも影響を受けるため一定値を得にくい．したがって，調査結果の精度を高くするためには，欠損魚識別のための調査基準を設け，補正方法を確立しなければならない．

文　献

1 ）水産庁・(社) 日本栽培漁業協会：平成 6 年度栽培漁業種苗生産，入手・放流実績（全国），184-189（1996）.

2 ）日高　健・高橋　実・伊東正博：福岡水試研報，(14)，1-11（1988）.

3 ）山口県他：昭和 63 年度トラフグ放流技術開発事業報告書，9-27（1989）.

4 ）山口県他：平成 4 年度トラフグ放流技術開発事業報告書，9-24（1993）.

5 ）山口県他：平成 5 年度トラフグ放流技術開発事業報告書，9-22（1994）.

6 ）山口県他：平成 6 年度トラフグ放流技術開発事業報告書，10-23（1995）.

7 ）山口県他：平成 3 年度トラフグ放流技術開発事業報告書，9-21（1992）.

8 ）山口県他：平成 5 年度トラフグ放流技術開発事業報告書，6-22（1994）.

9 ）田中昌一：水産資源学総論，恒星社厚生閣，1985，pp.287-291.

10）内田秀和・日高　健：西海区ブロック魚類研究会報，(8)，25-30（1990）.

11）天野千絵：さいばい，(79)，33-45（1996）

12）田中昌一：水産資源学総論，恒星社厚生閣，1985，pp.142-145.

10. 遠州灘と瀬戸内海中・西部域における資源培養管理

東 海 　正 *

　わが国における 1980 年代のトラフグの好漁は，大きな卓越年級群であった九州沿岸と瀬戸内海の 1983 と 1986 年級群および伊勢湾，遠州灘の 1988 年級群が支えた[1~3]．これに当時のグルメブームやバブル経済の消費ブームによってトラフグの需要が高まり，それまでのトラフグ漁業に相次ぐ新規参入が生じた．これは大きな漁獲努力量の増加となり，漁獲強度を強める結果となった．例えば，長崎県の大瀬戸町では，トラフグ延縄が導入されて，昭和 61 年（1986 年）の 2 隻の好漁に刺激されて，次の年から操業隻数が増加した[4]．同様に伊勢湾，遠州灘域でも 1989 年の豊漁を契機に愛知県では着業者が約 30 隻から 180 隻へと大幅に増加した[5]．また，九州沿岸における浮縄の導入[1]や，伊勢湾，遠州灘域では浮延縄や手持などの簡便な漁具が普及して[6]，こうした沿岸域で漁獲能率が向上したことも示唆されている．さらに，内湾域ではトラフグの好漁に伴って流通経路が整備され，以前は投棄（再放流）されていた小型のトラフグが商品価値をもつようになった．これらはすべてトラフグ資源に対して漁獲強度が増加したことを意味する．

　このようにトラフグの好漁がもたらした漁獲強度の増大ではあったが，いずれの海域でもその後は大きな卓越年級群が続くことなく，漁獲量が大幅に減少した[1~3]．このために努力量だけが資源に対して過剰な状態で残され，資源の悪化を引き起こした可能性がある．こうしたことから，各水域で指摘される資源状態の悪化に対して，適切な漁業管理方策を検討するべきである．ここでは，トラフグ資源の管理を考える上で具体的な方策として，加入当たりの管理と再生産に関わる管理について述べ，さらに今後，資源管理を進める上での問題点について若干の論議を加えた．

----

　* 東京水産大学

§1. 資源の特徴

　各海域の漁業，資源の状況 [1~3] や分布，回遊 [7] から，次の 2 つのトラフグ資源の特徴があげられる．まず一つは，トラフグは産卵場から成長に応じて回遊を行い，再び産卵場に戻り，その間に様々な漁業によって漁獲されることである（図 10·1）．つまり，いくつかの産卵場があり，そこから孵化したトラフグは，当歳から 1 歳まで有明海や瀬戸内海，伊勢湾などの内湾域で生息し，成長

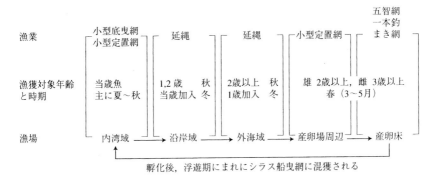

図 10·1　成長段階別の回遊と漁獲実態

するにつれて 1，2 歳には長崎沿岸や豊後水道域，遠州灘の沿岸域に移動し，3 歳以降ではさらに外海域に移動して，産卵場に来遊する．そして，この間にそれぞれの漁場で種々の漁業によって漁獲される．例えば，内湾域では，小型定置や小型底曳網によって孵化後の当歳魚が夏から秋にかけて大量に漁獲される．その後，1，2 歳魚は沿岸域に移動し，延縄による漁獲を受ける．そして，九州沿岸や瀬戸内海産卵場を起源とするトラフグは，3 歳以後は外海域，つまり済州島沖から以西での延縄漁場に加入する．その後，産卵場周辺では小型定置網によって，また産卵場では吾智網や一本釣，まき網によって産卵親魚が漁獲される．このうち内湾域で当歳魚を漁獲している小型定置網や小型底曳網は，トラフグを主要漁獲対象ではなく副産物として漁獲している．

　もう一つの特徴は，トラフグには卓越年級群があり，これが周期性をもつ漁獲量の大きな変動を引き起こすことである [1]．特に最近では，九州沿岸と瀬戸内海では 1983 と 1986 年級群が，また，伊勢湾・遠州灘では 1988 年級群が

非常に大きな卓越年級群となり，それぞれの海域に好漁をもたらした[1~3].

このように，成長に応じて回遊していく中で，種々の漁業によって漁獲され，かつ漁獲量を左右する年級群の強度が大きく変動する資源に対して，どのように漁業，資源を管理するべきか考える必要がある.

§2. 加入当たりの資源の最適利用

上述したようにトラフグの資源の加入は年級群毎に大きく変動する．ここではまず，一つの年級群が加入したときに，どのように利用するべきか，例えばどの年齢から漁獲するべきか考える．ここではトラフグの成長式は尾串[8]によって，また全長と体重の関係式は瀬戸内海西ブロック[9]で求められたものを用いる．一般的に漁獲がない状態でも，様々な要因で魚は自然死亡して，資源全体の尾数が減少する．こうした自然死亡を，檜山[10]や内田[11,12]が用いた自然死亡係数 0.35（year^{-1}）で表す．トラフグ資源は，自然死亡によって尾数は減少していくが，各個体が成長して体重が増加するために，漁獲がない状態では，資源重量は 3 歳を過ぎるまで増加して，その後減少する（図 10·2 上）．次に，漁獲の強さを示す漁獲死亡係数を変えて，一定加入量に対してどの年齢で漁獲を始めるべきか検討する（図 10·2 下）．漁獲強度が大きい場合は（例えば漁獲死亡係数 0.9），資源重量が最大となる 3 歳付近で漁獲を開始することで，より大きな漁獲量が得られる．また，漁獲死亡係数が小さい場合では，より早期から漁獲を始めた方が漁獲量は多くはなるが，このときの漁獲量の最大値は漁獲死亡係数が大きいときに比べて小さい．一方，瀬戸内海の産卵場に来遊した 3 歳以降の全減少係数が 1.01 であったことから[13]，自然死亡係数を 0.357[10~12]とすれば漁獲死亡係数は 0.653 と考えられる．また，内田[12]は自然死亡係数を 0.357 としたときの外海産トラフグの漁獲死亡係数を 0.573 と推定している．このようにトラフグ漁業の漁獲死亡係数を 0.5~0.7 と考えれば，それぞれの年級群で早くても 2 歳より後で漁獲を始めることが，加入あたりの最大の漁獲を得るためには望ましい（図 10·2）．これは内湾域や沿岸域で現在盛んに行われている当歳魚や 1 歳魚の漁獲をできるだけ避けるべきであることを示している．つまり，瀬戸内海や伊勢湾での小型底曳網による当歳トラフグの大量混獲は，その後の豊後水道域などの水道域や遠州灘での延縄漁業の漁獲量を大きく

減じ，さらにその後に回遊していく外海域でのトラフグ延縄や産卵場での漁獲

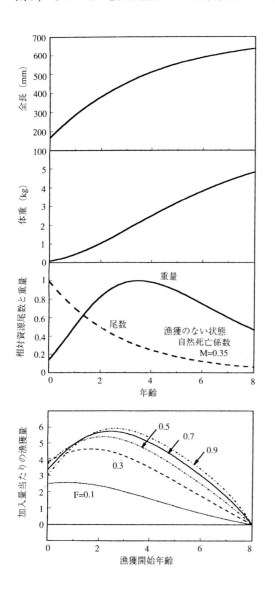

を減らすのみならず，産卵場で再生産に寄与するトラフグの尾数を減らすことになる．つまり，トラフグを主体とせずに副産物としている小型底曳網などは，その混獲を避けるかまたは再放流することがトラフグ資源全体の利用を考えたときには望ましい．またトラフグの成熟体長が雌雄それぞれ2歳と3歳に対応すること[8]からも，再生産を考える上でも3歳までは漁獲しないことが望ましい．

これに対して，最近の漁業は対象年齢が若齢化した傾向にある．例えば，東シナ海，黄海において，3歳以上の大型魚を対象としてきた外海域での操業が不漁のために，従来は外海漁場で操業した漁船の多くが沿岸域で操業を行うようになった[1]．また，瀬戸内海の布刈瀬戸産卵場周辺の定置網に

図10·2　加入あたりの相対資源尾数と重量（上）および漁獲強度が異なる場合の漁獲開始年齢に対する漁獲量（下）

126

漁獲されるトラフグの各年級群は，従来 3 歳で完全加入してそれ以後に各年齢で来遊する尾数が減少していたが，1987 年級群以後は 2 歳から来遊する尾数の減少がみられた [2]．また，産卵場に来遊する以前に当歳や 1 歳魚を漁獲する豊後水道における過剰な漁獲または，それ以後から産卵場に来遊する前の 2 歳における過剰漁獲の可能性が指摘されている [2]．これらすべては若齢魚に対する漁獲圧の増加を示し，加入してきた年級群から最大の漁獲量を得ていないという意味では，現在のトラフグ資源は加入乱獲の状態にある．

　先に卓越年級群の加入で漁獲努力量が増加したことを述べた．特に，沿岸域で 1 歳魚を主対象とする延縄漁業は，自由漁業であるために，努力量を抑制することが難しく，資源の増加とともに努力量が急増する傾向がある．本来は，こうした努力量は急激に増加させるべきでないとともに，努力量が増加した場合にも資源の減少に応じて努力量を削減する必要がある．こうした際には，瀬戸内海中西部や伊勢湾・遠州灘で行われたような全長組成と漁獲量の経年変化から年級群強度をモニターすること [6, 16] で資源の減少を早期にとらえて，努力量削減の方策を検討することができるだろう．

§3. 遠州灘における加入当たり漁獲の最大化

　トラフグ好漁時に延縄漁業の努力量（操業隻数）が大きく増加した伊勢湾，遠州灘を例として，沿岸域で延縄漁業がどの程度トラフグを漁獲しているかを検討する．さらに，加入あたりの漁獲を最大にする方策をとることによって，適切な漁獲開始日を検討する．

3・1　延縄漁業の漁獲強度

　伊勢湾，遠州灘域では，延縄漁の漁期を 10 月から 2 月までとすることや600 g 以下のトラフグの再放流を義務づけたりするなどトラフグ漁業の自主的な管理に取り組んでいるが，漁期開始直後の漁獲によって資源が急激に減少する傾向が認められ，その漁期開始の見直しが必要とされている [3]．ここでは延縄漁業だけの漁獲強度を求めるために，延縄以外にトラフグ漁業がない静岡県の資料を用いる．静岡県ふぐ漁組合連合会による日別の水揚隻数と漁獲量を資料として，修正 DeLury 法 [14] を用いて，1993 年漁期中のトラフグ資源の漁獲による減少を検討する．この修正 DeLury 法 [14] とは，t 期における漁獲量 C_t

と努力量 X_t から次式を用いて漁具能率 q と初期資源量 N_0 を推定するものである.

$$\ln \frac{C_t}{X_t} = \ln(qN_0) - q\left(\sum_{i=0}^{t-1} X_i + \frac{X_t}{2} \right)$$

　修正ずみの累積努力量（水揚げ隻数の累計）に対する CPUE（水揚げ隻数 1 隻あたりの漁獲量）を図 10·3 に示した. 資源量の指標とする CPUE は漁期開始直後は高いが, 努力量が累積されるにつれて急激に減少していく. これは 10 月漁期開始後に急激に資源が減少していることを示している. 累積努力量が 4,000 隻を超えてから CPUE の減少割合がやや鈍っている（図 10·3）. この原因として次のことが考えられる. 資源が減少するほど, 出漁はしたが水揚げがない漁船数が増えるであろう. ここでは, こうした水揚げしなかった操業漁船数が努力量から欠落するために, 努力量が過小評価となる. これによって CPUE が過大評価され, 資源の減少に伴う CPUE の減少傾向を緩やかにみせる. また, 漁獲によって資源が大幅に減少し, 漁場におけるトラフグの集群性が悪くなって漁獲効率が落ちた可能性も考えられる. このように全期間（10 月から 2 月）の資料では, 漁獲開始当初の漁獲による急激な資源の減少を把握できない. そこで, 全期間と 10 月から 12 月までの 3 か月間, 10 月から11 月の 2 か月間について, それぞれ回帰直線を求めて, その残差を検討した（図 10·3 下）. 漁期開始直後の急激な減少の時期には, 前 2 者の期間では残差が正に偏っていて不適当である. そこで 10 月から 11 月の 2 か月間の資料から, 漁具能率 2.56×10^{-4}（boat $^{-1}$）を求めた. さらに, この期間の累積努力量 3,601 隻から, この期間の全減少係数を求めると 5.53（year $^{-1}$）となる. これは自然死亡係数を 0.35（year $^{-1}$）と仮定した場合に, この時期では漁獲死亡係数が 5.18（year $^{-1}$）となる. これは, この漁期開始時期の漁獲強度が非常に大きく, 漁獲対象の若齢化だけでなく, 特定の漁期内だけでも先取りが行われていることを示している. なお, この全減少係数は大きすぎるように思われる. しかし, この年の延縄全期間の累積努力量 6,685 隻を用いると全減少係数1.71（year $^{-1}$）が求まり, 延縄漁期以外でトラフグで漁獲死亡がないと仮定すると, この値は年平均全減少係数で 0.71（year $^{-1}$）に換算されてその他の報告 [12, 13] と大差は

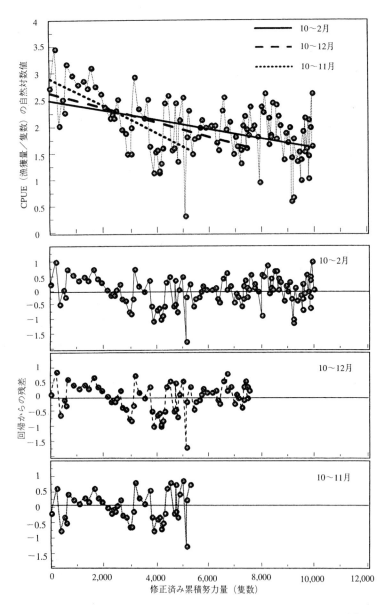

図 10・3　静岡県トラフグ延縄漁業における累積努力量に対する CPUE の日別変化

なく，妥当である．また，ここでは 10 月以降も伊勢湾からの移動による加入の可能性がある．実際に，自然死亡係数を仮定した拡張 DeLury 法 [14] で推定された自然死亡係数は，この方法における推定値の信頼性に問題があるものの [14]，負の値になり加入があることを示唆している．こうした加入を考慮すると，ここでの漁獲死亡係数は過小評価の可能性すらある．

3・2　加入あたり漁獲量，漁獲金額を最大化する管理方策

漁獲開始日と漁獲強度を変えたときに，一定加入あたりの漁獲量をどのように得ることができるかを検討する．漁獲による死亡は延縄による解禁日から 2 月末までに起き,それ以外の時期では漁獲死亡はなく自然死亡によってだけ減少すると仮定する（図 10・4）．自然死亡係数 M は 0.35 を用いる [10~12]．遠州灘で

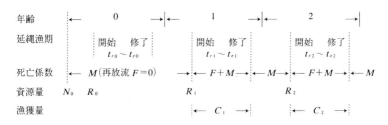

図 10・4　漁期が存在する延縄漁業における時期別死亡係数と資源量

漁獲されるトラフグのほとんどは 1 歳魚と 2 歳魚である [3]．そこで，ある年級群の加入に対して，延縄漁期中に 1 歳としてまた次の年に 2 歳として漁獲される量を求める．なお，伊勢湾，遠州灘域では当歳魚で漁獲される 600 g 以下のトラフグは再放流されるので [3]，この当歳魚の漁獲死亡はないものとする．漁獲死亡係数と自然死亡係数をそれぞれ F と M で表し，1 および 2 歳における漁獲の開始時期と終了時期をそれぞれ t_{r1} と t_{e1} および t_{r2} と t_{e2} とする．年級群の加入量 N_0 に対して，1 歳と 2 歳におけるにそれぞれの漁獲加入量 R_1 と R_2 とすると，それぞれ以下の式で求められる．

$$R_1 = N_0 \exp(-Mt_{r1})$$
$$R_2 = R_1 \exp[-(F+M)(t_{e1}-t_{r1})-M(t_{r2}-t_{e1})]$$
$$= N_{0l} \exp[-Mt_{r1}-(F+M)(t_{e1}-t_{r1})-M(t_{r2}-t_{e1})]$$

このとき，延縄による加入あたりの漁獲量は次式で表される．

$$\frac{Y}{N_O} = \frac{F}{F+M} \left[R_1 \int_{t_{r1}}^{t_{e1}} (1-e^{-(F+M)t}) \, dt + R_2 \int_{t_{r2}}^{t_{e2}} (1-e^{-(F+M)t}) \, dt \right]$$

ここでは漁期終了時期を 2 月に固定して，漁期開始時期を変えて計算した（図 10・5）．前節で求めたように，現在の漁獲開始直後の漁獲死亡係数が 5.18 とすると，現在の漁獲開始時期を 10 月 1 日から 11 月 1 日に遅らせた方が多くの漁獲量を得ることができる．また，10 月 1 日を漁獲開始時期とするならば，漁獲死亡係数を 4 （year $^{-1}$）程度まで，つまり漁獲努力量を約 23 ％削減することが望ましい．しかし，この場合では，漁獲開始時期を遅らせた場合ほどの漁獲量の増加は望めない．このように漁期の開始時期を遅らせることで，漁獲量の増加見込まれることは瀬戸内海でも報告されている[9, 10]．

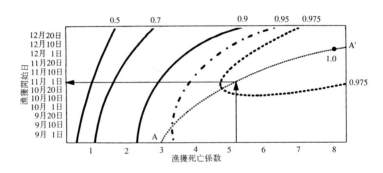

図 10・5　当漁獲量曲線
A-A' は，ある漁獲死亡に対して漁獲が最大になる漁獲開始日を表す

　次に，加入あたりの漁獲金額を検討する．この地元 7 漁協での単価は 10 月から 12 月にかけて急激に増加する[6]．つまり，少しでも高価格で販売するためには 12 月に近い時期に漁獲して出荷することが望ましい．そこで，1994 年以後 3 年間の単価[6]から，10 月初旬を基準とした各旬毎の単価の比率を単価指数として，それらの 3 年間の平均単価指数を旬別に求めた．そして，この旬別の単価指数を用いて加入あたりの漁獲金額を求めた（図 10・6）．この場合では，現在の漁獲死亡係数では，単価が上昇した 12 月 1 日に漁獲を開始して，

急激に漁獲することが望ましい．また，10 月 1 日に漁獲を開始する場合には，努力量を減らすなどして漁獲死亡係数を下げても，加入あたりの漁獲金額はさほど変わらない．

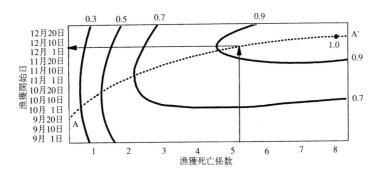

図 10·6　当漁獲金額曲線
A-A'は，ある漁獲死亡に対して漁獲が最大になる漁獲開始日を表す

遠州灘のように下関から離れた海域におけるトラフグの漁獲といえども，下関唐戸魚市場株式会社（以後，唐戸魚市場）の市況に大いに影響され，特にその単価の変化は唐戸魚市場の単価と連動している[5]．実際に，遠州灘である程度以上の漁獲量があるときは下関唐戸魚市場に出荷される．この唐戸魚市場では大量にトラフグが同時に入荷すると単価が落る傾向がある[5, 9]．このために，12 月まで漁獲開始を遅らせた場合に，漁獲直後に大量に漁獲された魚が唐戸魚市場に入荷すると，単価が下落して漁獲金額が必ずしも最大にならないかもしれない．これらのことから，漁獲努力量の削減よりもむしろ漁獲開始時期を 11月 1 日以降に遅らせることが，漁獲量，漁獲金額ともに大きくなる．ただし，この海域で漁獲開始時期を遅らせることには，その遅らせた間に漁業者が取り組める代替漁業が必要となるであろう．

§4. 瀬戸内海中・西部域における卓越年級群の発生と再生産関係

前節までは各年級群の加入に対する漁獲の方法を考えた．トラフグはサケ・マスのような産卵場への回帰性が示唆され[13, 15]，各海域での漁獲量の変動も年級群の強度に依存している[1~3, 13, 16]．そこで，産卵に来遊してきたトラフグ親魚

の産卵量と発生した年級群強度の関係，つまり再生産関係を，瀬戸内海の布刈
瀬戸に来遊した資源指数から求めた産卵量指数と，年級群強度の代表値として
の伊予灘，豊後水道の漁獲量から検討する．まず，年別の産卵数指数を次のよ
うに推定した．Tokai *et al* [13]．同様に，産卵場周辺の小型定置網の漁獲量と小型
定置網による漁獲物の全長組成から，年別に全長別来遊量指数を求める．そし
て，このうち雌の成熟体長である全長 45 cm [8] 以上の個体のうちで，性比を雌
雄 1:1 として半数が産卵するものとする．この海域における全長と体重の関係
式 [13] と体重と産卵数の関係式 [17] から，全長に対する産卵数を求める．これに
先の全長別来遊量指数を乗じて総計して，その年の産卵量指数を求めた．一方，
伊予灘，豊後水道での漁獲量は平均して 1 歳魚の年級群の強さを表すので [16]，

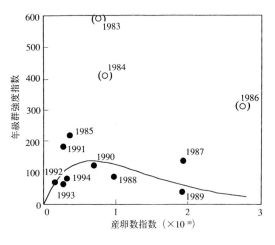

図 10·7　再生産曲線

1 年後のこの海域における主要漁業根拠地の漁獲量を加入した年級群強度の指
数とした．1983 年から 1994 年までのこの産卵数指数に対する年級群強度を図
示した（図 10·7）．ここで，大きな卓越年級群であった 1983 年級群が発生し
た年において，産卵数が必ずしも多くない．これは卓越年級群の発生が産卵数
だけに依存するものではないことを示している．瀬戸内海の 1983 年級群はシ
ラス船曳網に大量に混獲されて問題となった（伊東，私信）．伊勢湾の 1988 年
級群でも同様のことが報告されている [18]．このことは，それ以前の卓越年級群

と考えられる 1980 年級の産卵加入に加えて，生活史の初期生残がよくなるよ
うな環境条件があったと考えられる [19]．1984 年級群の強度も大きくみえるが，
これは卓越年級群の 1983 年級群が 2 歳として 1985 年に伊予灘，豊後水道で
大量に漁獲されたことによる [16]．したがって，本来の 1984 年級群の強度はさ
ほど大きくなかったと考えられる．

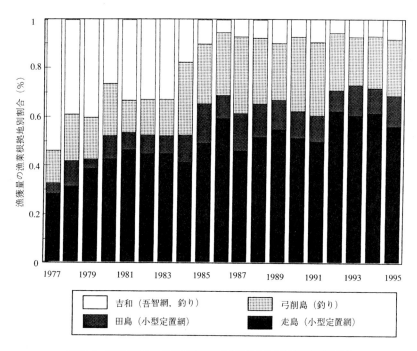

図 10・8　瀬戸内海の布刈瀬戸産卵場周辺における漁業種類別漁獲量割合

　1983 年級群が 3 歳魚として産卵に加入した 1986 年以降は十分な産卵数があ
ったにも関わらず，それによる年級群強度は必ずしも強くない．大きな卓越年
級群となった 1983 と 1986 年級群や 1984 年級群を除くと，ほぼ Ricker 型の
再生産曲線を示す（図 10・7）．これは，再生産において密度効果が働いている
可能性があることを示している．再生産に直接関わるわけではないが，1983
と 1986 年級群の加入時には密度効果と考えられる成長の遅れが認められた [20]．
これもトラフグ資源に対して密度効果が働く可能性を支持している．図 10・7

で近年の産卵量指数が再生産曲線の極大値より左側に位置している．このこと
は，漁獲強度が非常に大きい場合には再生産を考えた MSY の観点から再生産
乱獲となる可能性を示している [14]．トラフグが成長に伴い回遊している間に，
漁業全体から受ける漁獲強度は明らかではないが，前節で述べたように加入乱
獲の状態だと考えると，再生産についても漁獲強度を弱めない限り資源の回復
が望めない状態であることが示唆される．このように，資源全体の減少によっ
て，1991 年以降，産卵数はこの十数年間のうちでは多くない．

　資源水準の低下による産卵数の減少のほかに，布刈瀬戸の産卵場周辺では再
生産に関して危惧される点がいくつかある．ここでは周辺の小型定置網漁業に
よって産卵に来遊した親魚が大量に漁獲される [2, 13]．そして，この小型定置網
は本来の産卵床に入る前のトラフグ親魚を漁獲する [21]．1970 年代では産卵場
内で操業する吉和漁協の一本釣りや吾智網による漁獲量がこの産卵場周辺での
漁獲の約半分程度を占めていたが，その後は産卵前の親魚を漁獲する小型定置
網の漁獲量が増大している（図 10·8）．また，近年では，産卵場近くでの建設
用海砂の採取が産卵場の環境を悪化させているとする意見もある．これらは来
遊した親魚に比べて産卵数が減少する可能性を示唆している．

§5. 資源回復のための管理方策と今後の課題

　トラフグ資源の回復を考える上である程度の産卵数の確保とそのための親魚
の保護が必要である．まず，このためには，ここで取り上げた遠州灘の延縄だ
けに限らず，どの海域における漁業がそれぞれどの程度の漁獲強度で資源を減
らしているのかを明らかにして，産卵場に来遊する親魚を残す必要がある．ま
た，こうした産卵親魚による再生産を確実にするためには，産卵場に来遊した
親魚を，産卵前にすべて漁獲するのではなく，ある程度残して産卵を行わせる
必要がある．このためには，産卵場に来遊したトラフグの資源尾数だけでなく，
特に産卵前の親魚を漁獲する小型定置網の漁獲強度を調べて，適切に親魚を残
すことを検討するべきである．さらに，産卵場の環境調査によって，産卵が非
常に限られた場所で行われていることが明らかとなってきた [22, 23]．上述したよ
うに，瀬戸内海布刈瀬戸で指摘されている海砂の採取による産卵場の環境の変
化の可能性に対しても，こうした産卵の環境調査を進めるとともに，その環境

を保護する方策を講ずることも今後の課題であろう.

　資源回復のために産卵数を確保する別の方法として, サケ・マスのように, 産卵場で漁獲されたトラフグ雌個体から卵を確保した人工受精による種苗放流事業を行うことが考えられる. トラフグの養殖用種苗生産のために天然採卵できるトラフグ雌個体が一時期は高額で取り引きされた[1]. これは種苗放流事業にとってある種の障害ではあったが, 現在ではホルモン投与による採卵が可能となり[24], こうした問題は少なくなったと考えられる. そして, 現状の数少ない採卵親魚から種苗生産を行うよりも, できるだけ多くの親魚を利用した採卵や採精が, 林[25] が指摘した問題点である遺伝資源の多様性の観点からも重要となるであろう.

　トラフグのように, 各産卵場毎に成長に伴い回遊していく資源において, 種苗放流の経費をどのように負担するかも今後の検討課題である. このために, いくつかの産卵場からの回遊群が混じり合って生息する海域では, どの産卵場からどの回遊経路を通って, どの段階でどの程度が漁獲されるのか知る必要がある. これによって, ある海域で放流された種苗の経費が, どの海域の漁業に負担を求めるべきか判断できよう. この意味でも, 系群分析における今後の研究成果が期待される. この経費負担の評価の際に, 漁獲量によってその資源に対する依存度を勘案する方法もあるが, この方法では小型個体を漁獲する漁業の経費負担は小さくなる. しかし, 加入当たり漁獲量の点から, 将来の成長による資源の増大分を早取りによって無駄にしていると考えれば, その漁獲量を漁獲後の資源増大の期待分まで考慮して評価し, それに基づいた経費の負担を行うべきであろう. つまり, 小型底曳網などでの当歳魚の漁獲は, その後に自然死亡で死んでいく割合と成長による資源の増加分を先取りしたものとして, より大きな経費の負担を求めるべきであろう.

　トラフグは産卵場を起源として産卵回帰すると考えられている[15]. そして, 標識放流の結果からも, 日本沿岸の産卵場から生まれたトラフグは済州島周辺の東シナ海, 黄海でも漁獲されている[7]. つまり, トラフグ資源は, ある種のストラッドリング資源として, 日本沿岸と日本や韓国, 中国の共同利用水域を回遊している. 日本沿岸での管理だけでなく, トラフグ資源全体を管理していく上で, 中国や韓国沿岸における産卵場[26] についても今後より詳細な調査を行

うことでその存在の確認と規模，さらに東シナ海や黄海での漁業への貢献度を知ることが重要である．このためにも，トラフグ資源に関する研究と管理は国際協力に基づいて取り組まれる必要がある．

文　献

1 ）天野千絵・檜山節久：東シナ海，黄海，日本海等，トラフグの漁業と資源管理（多部田修編），恒星社厚生閣，1997, pp.53-67.

2 ）柴田玲奈・佐藤良三・東海　正：瀬戸内海と周辺水域，トラフグの漁業と資源管理（多部田　修編），恒星社厚生閣，1997, pp.68-83.

3 ）安井　港・田中健二・中島博司：伊勢湾及び遠州灘，トラフグの漁業と資源管理（多部田　修編），恒星社厚生閣，1997, pp.84-96.

4 ）浜川勝行，水産技術と経営，350, 29-35 (1994).

5 ）愛知県：太平洋中区愛知県平成 7 年度資源管理型漁業推進操業対策事業報告書（広域回遊資源）1996, 64p.

6 ）静岡県：平成7年度静岡県資源管理型漁業推進総合対策事業報告書（広域回遊資源），1996, pp.1-35.

7 ）伊藤正木：移動と回遊からみた系群，トラフグの漁業と資源管理（多部田　修編），1997, 恒星社厚生閣，pp.28-40.

8 ）尾串好隆：山口外海水試研報，(22), 30-36 (1987).

9 ）広島県，山口県，福岡県，大分県，宮崎県，高知県，愛媛県：平成元年度広域資源培養管理推進事業報告書　瀬戸内海西ブロック，1990, pp.47-91.

10）檜山節久：山口内海水試報告，(8), 40-50 (1981).

11）内田秀和：福岡水技研報，(17), 11-18 (1991).

12）内田秀和：福岡水試研報，(2), 1-11 (1994).

13）Tokai, T., R. Sato, H. Ito, and T. Kitaha-ra : *Nippon Suisan Gakkaishi*, 59, 245-252 (1992).

14）田中昌一：水産資源学総論，恒星社厚生閣，1985, 381p.

15）佐藤良三：集団遺伝学的手法による系群解析（多部田　修編），トラフグの漁業と資源管理，恒星社厚生閣，1997, pp.41-52.

16）Tokai, T., R. Sato, H. Ito, and T. Kitaha-ra : *Fisheries Science*, 61, 428-433 (1995).

17）藤本　宏：さいばい，(79), 19-25 (1996).

18）船越茂雄：水産海洋研究，54, 322-323 (1990).

19）東海　正・佐藤良三：本州四国連絡架橋漁業影響調査報告書，(57), 社団法人日本水産資源保護協会，1991, pp.62-99.

20）東海　正・佐藤良三・北原　武：瀬戸内海トラフグの成長に及ぼす密度効果．平成 6 年度日本水産学会秋季大会講演要旨集，1994, p.54.

21）国行一正・伊東　弘：漁業資源研究会議西日本底魚部会会議報告，(10), 25-34 (1982).

22）神谷直明・辻ケ堂　諦・岡田一宏：栽培技研，20, 109-115 (1992).

23）中島博司，津本欣吾：平成 8 年度日本水産学会秋季大会講演要旨集，1996, p.33.

24）岩本明雄・藤本　宏：トラフグの漁業と資源管理（多部田　修編），1997, 恒星社厚生閣，pp.97-109.

25）林　小八：現状と展望，トラフグの漁業と資源管理（多部田　修編），1997, 恒星社厚生閣，pp.9-15.

26）藤田矢郎：さいばい，(79), 15-18 (1996).

あ　と　が　き

　このシンポジウムでは，各産卵場から成長に伴って移動していくトラフグが実にさまざまな漁業によって漁獲されていることが明らかにされた．また，産卵場ごとに系群が存在する可能性が示され，種苗生産や放流事業については，基本的技術が確立されつつあることが紹介された．総合討論では韓国，中国からの参加者とも活発に意見が交わされ，今後取組むべき課題として以下の 5 点が確認された．

　1）産卵場に基づく系群が存在し，さらにそれらのトラフグが広範囲に移動回遊することを考えると，海域ごとに取り組んでいる現在の調査体制や資源管理の枠組みでは不十分であり，中国や韓国を含めた国際的な共同研究とそれに基づく資源管理が必要であろう．

　2）特に産卵場の重要性を考えると，中国や韓国の産卵場調査は緊急の課題である．さらに，各産卵場の規模を調べ，各漁場における漁獲に対する産卵場ごとの貢献度を調べることが求められる．

　3）トラフグ資源全体の維持管理のために，移動回遊していく各発育期のトラフグに対する各種漁業のとるべき管理方策の検討を進める．つまり，資源保護のためにどの漁業がどのような管理を義務とするべきかについて検討する．

　4）トラフグの産卵場への回帰性から孵化放流事業の可能性を検討する．また，種苗放流経費を受益者負担とした場合に，どのように分担するべきかについても検討する．

　5）生態系全体の中でトラフグ資源の位置づけを明確にし，さらに放流魚の天然資源への影響について考慮し，遺伝子資源保護の観点を含めて管理に取り組む．

　これらの課題は，すぐにでも取り組むべきものから，将来にわたって検討していくものまで含まれている．今後の研究の進展により，次のトラフグ資源に関するシンポジウムまでに，これらの課題が一つでも多く解明されることを期待する．

　なお，各発表者は特に謝辞を述べていないが，本書の内容には先人研究者は

もとより，多くのトラフグに関わる漁業者や漁協関係者，また下関唐戸魚市場株式会社をはじめとする流通関係者による情報や資料によるものが多く含まれている．これらの方々に対してシンポジウム発表者一同を代表して深く感謝する．最後に，本書が今後のトラフグ漁業の発展とその資源管理に役立つことを切望する．

（多部田　修）

出版委員

会田勝美　赤嶺達郎　木村　茂　木暮一啓
谷内　透　藤井建夫　松田　皎　村上昌弘
山澤正勝　渡邊精一

水産学シリーズ〔111〕　　　　定価はカバーに表示

トラフグの漁業と資源管理
Fisheries and Stock Management of Ocellate Puffer
Takifugu rubripes in Japan

平成 9 年 3 月 30 日発行

編　者　　　多　部　田　　修

監　修　社団法人　日本水産学会

〒108　東京都港区港南　4-5-7
東京水産大学内

発行所　　〒160
東京都新宿区三栄町8　株式会社　**恒星社厚生閣**
Tel　〔3359〕7371（代）
Fax　〔3359〕7375

==

Ⓒ 日本水産学会，1997．興英文化社印刷・風林社塚越製本

水産学シリーズ〔111〕
トラフグの漁業と資源管理（オンデマンド版）

2016年10月20日発行

編　者　　　　　多部田 修
監　修　　　　　公益社団法人日本水産学会
　　　　　　　　〒108-8477　東京都港区港南4-5-7
　　　　　　　　東京海洋大学内

発行所　　　　　株式会社 恒星社厚生閣
　　　　　　　　〒160-0008　東京都新宿区三栄町8
　　　　　　　　TEL　03(3359)7371(代)　FAX　03(3359)7375

印刷・製本　　　株式会社 デジタルパブリッシングサービス
　　　　　　　　URL　http://www.d-pub.co.jp/